日本産マルハナバチ図鑑

The Bumblebees of Japan

木野田君公
Kimihiro Kinota
高見澤今朝雄
Kesao Takamizawa
伊藤誠夫
Masao Ito

著

北海道大学出版会

もくじ

利用の手引き ・・・・・・・・・・・・・・・・・・ 4
1. 北海道産マルハナバチ一覧 ・・・・・・・・・・・・・・・・・・ 12
2. 本州以南産マルハナバチ一覧 ・・・・・・・・・・・・・・・・・・ 14
3. 各種の解説

ナガマルハナバチ亜属 (*Megabombus*)
ナガマルハナバチ *B. consobrinus wittenburgi* ・・・・・・・・・・・・・・・・・・ 16
エゾナガマルハナバチ *B. yezoensis* ・・・・・・・・・・・・・・・・・・ 20
トラマルハナバチ *B. diversus diversus* ・・・・・・・・・・・・・・・・・・ 24
エゾトラマルハナバチ *B. diversus tersatus* ・・・・・・・・・・・・・・・・・・ 28
ウスリーマルハナバチ *B. ussurensis* ・・・・・・・・・・・・・・・・・・ 32

ユーラシアマルハナバチ亜属 (*Thoracobombus*)
ミヤママルハナバチ *B. honshuensis* ・・・・・・・・・・・・・・・・・・ 36
シュレンクマルハナバチ *B. schrencki albidopleuralis* ・・・・・・・・・・・・・・・・・・ 40
ニセハイイロマルハナバチ *B. pseudobaicalensis* ・・・・・・・・・・・・・・・・・・ 44
ハイイロマルハナバチ *B. deuteronymus deuteronymus* ・・・・・・・・・・・・・・・・・・ 48
ホンシュウハイイロマルハナバチ
　　　　　B. deuteronymus maruhanabachi ・・・・・・・・・・・・・・・・・・ 52

ヤドリマルハナバチ亜属 (*Psithyrus*)
ニッポンヤドリマルハナバチ *B. norvegicus japonicus* ・・・・・・・・・・・・・・・・・・ 56

コマルハナバチ亜属 (*Pyrobombus*)
コマルハナバチ *B. ardens ardens* ・・・・・・・・・・・・・・・・・・ 60
エゾコマルハナバチ *B. ardens sakagamii* ・・・・・・・・・・・・・・・・・・ 64
ツシマコマルハナバチ *B. ardens tsushimanus* ・・・・・・・・・・・・・・・・・・ 68
ヒメマルハナバチ *B. beaticola beaticola* ・・・・・・・・・・・・・・・・・・ 72
アイヌヒメマルハナバチ *B. beaticola moshkarareppus* ・・・・・・・・・・・・・・・・・・ 76
アカマルハナバチ *B. hypnorum koropokkrus* ・・・・・・・・・・・・・・・・・・ 80

オオマルハナバチ亜属 (*Bombus*)
オオマルハナバチ *B. hypocrita hypocrita* ・・・・・・・・・・・・・・・・・・ 84
エゾオオマルハナバチ *B. hypocrita sapporoensis* ・・・・・・・・・・・・・・・・・・ 88

ノサップマルハナバチ *B. florilegus* ・・・・・・・・・・・・・・ 92
　　　クロマルハナバチ *B. ignitus* ・・・・・・・・・・・・・・ 96
　　　セイヨウオオマルハナバチ *B. terrestris* ・・・・・・・・・・・・・・100
4. よく似た種との見分け方
　4-1. 北海道産エゾトラ・ミヤマ・シュレンク♀♀の違い ・・・・・・・104
　4-2. 北海道産エゾトラ・ミヤマ・シュレンク♂の違い ・・・・・・・・・106
　4-3. 北海道産ニセハイイロ・ハイイロ♀♀♂の違い ・・・・・・・・・・108
　4-4. 北海道産エゾコ・エゾオオ♀♀の違い ・・・・・・・・・・・・・・110
　4-5. 北海道産アイヌヒメ♀・エゾオオ♀の違い ・・・・・・・・・・・112
　4-6. 北海道産アイヌヒメ・エゾコ♀の違い ・・・・・・・・・・・・・・112
　4-7. 北海道産アイヌヒメ・エゾコ♂の違い ・・・・・・・・・・・・・・113
　4-8. 本州以南産ナガ・トラ・ウスリー♀♀♂の違い ・・・・・・・・・114
　4-9. 本州以南産コ・オオ♀♀の違い ・・・・・・・・・・・・・・115
　4-10. 本州以南産コ・クロ♀♀の違い ・・・・・・・・・・・・・・116
　4-11. 本州以南産オオ・クロ♂の違い ・・・・・・・・・・・・・・117
5. 各部位の名称 ・・・・・・・・・・・・・・118
6. オス(♂)とメス(♀♀)の見分け方 ・・・・・・・・・・・・・・125
7. 亜属の検索 ・・・・・・・・・・・・・・126
8. 各部位の形態
　8-1. 下唇長, 体長, 頭幅 ・・・・・・・・・・・・・・128
　8-2. マーラーエリア ♀♀♂ ・・・・・・・・・・・・・・134
　8-3. 側単眼周辺の点刻♀ ・・・・・・・・・・・・・・138
　8-4 中脚基付節先端の形状♀♀ ・・・・・・・・・・・・・・141
　8-5. 触角 ♀♂ ・・・・・・・・・・・・・・142
　8-6. 上唇♀ ・・・・・・・・・・・・・・144
　8-7. 交尾器♂ ・・・・・・・・・・・・・・146
9. マルハナバチとは
　9-1. ハチの進化 ・・・・・・・・・・・・・・152
　9-2. 近縁のハチたち ・・・・・・・・・・・・・・153
　9-3. マルハナバチ族の特徴 ・・・・・・・・・・・・・・156
　9-4. 日本産マルハナバチの類縁関係と起源 ・・・・・・・・・・・・・・160
10. マルハナバチの一生 ・・・・・・・・・・・・・・162

11. 花とマルハナバチの共進化	……………166
12. マルハナバチの巣の発見法と発掘法	……………169
13. マルハナバチの飼育法	……………176
14. コロニーサイズ	……………180
主な参考文献	……………183
あとがき	……………188
分担および協力者一覧	……………189
和名索引	……………190

利用の手引き

　本書はマルハナバチを同定(種を判定)することを第一の目的に書かれている．また，マルハナバチの全体像を把握できるようにマルハナバチの進化，分類の現状や生態の概要について後半に項を設けて解説した．さらに今後マルハナバチの生態研究の解明の一助になることを願い，巣の発見法，飼育法やコロニーサイズ(推定を含む)などを掲載した．

　種や亜種の分類については，伊藤(1991)ほかに従った．ただし亜属の分類についてはナガマルハナバチ亜属(*Megabombus*)とトラマルハナバチ亜属(*Diversobombus*)を統合してナガマルハナバチ亜属(*Megabombus*)とするWilliams(2008)に従った．北海道奥尻島産のコマルハナバチ，利尻島・礼文島産のトラマルハナバチについては，北海道，本州のどちらに近縁であるのか現在のところは明らかになっていないが，本書では暫定的に毛色が近い本州産亜種に含めた．

　以下にカーストの凡例解説，同定の手順，および「3.各種の解説」の見方について解説する．

① **カーストの記号**

　各カーストは以下の記号を使用した．

　女王バチ：♀，　働きバチ：♀，　雄バチ：♂

② **同定の手順**

　種の判定(同定)は写真や図をみながらどのページからでも利用可能だが，次のような手順で進むことを勧めたい．

最初に5. 各部位の名称（p118），6. オスとメスの見分け方（p125），7. 亜属の検索（p126）に目を通す．

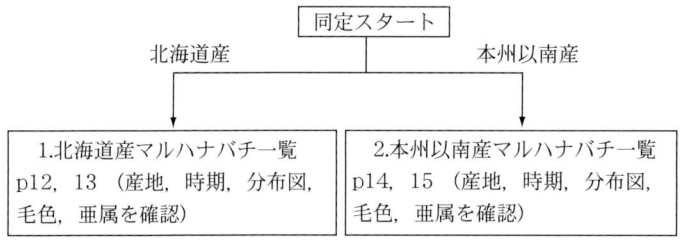

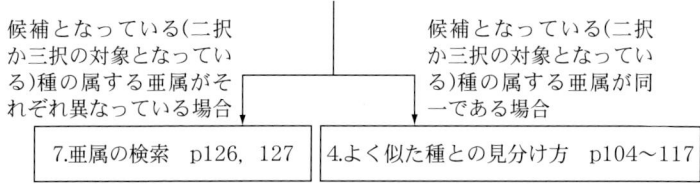

さらに種の判定に不安が残る場合は，以下の項でも確認するとより確実である．

　　　　　　　　　3.各種の解説　　p16〜103

　　　　　　　　　8.各部位の形態　p128〜151

③ ［3．各種の解説］について

　ここでは，各亜種について4ページずつ解説している．最初の2ページは生態ついて，3，4ページ目では形態（主に毛色）に関する事項について記述している．

1) 生態に関するページ（各亜種の1〜2ページ目）

　左側のページ（1ページ目）に，世界を含めた分布（種としての分布は，／以下で示している．ただし国内に複数の亜種がいる場合は先出の亜種のみに記載），日本の分布域図，垂直分布図，主にみられる場所，営巣場所，営巣規模，給餌法，巣外活動の時期，生息環境の写真，右側のページ（2ページ目）に各カーストの生態写真および主な訪花植物について記載している．日本の分布域図および垂直分布図では，分布域をオレンジ色で塗った．分布域については過去に記録があるとされている場所でも，誤同定やミスラベルの可能性が

高いか偶発的に採取されたと思われる箇所については除外した.

営巣場所および給餌法の項目では，次のイラストを使用した.
・営巣場所の項目で，地表に営巣するものは🥮，土中に営巣するものは🥮 の記号を付した.
・給餌法の項目で，花粉ポケットを造るものは🥮，造らないものは🥮 の記号を付した.

花粉ポケットとは，下図のように幼虫の巣室(幼虫室)のやや下方の側壁に造られるポケット状の花粉給餌袋で，一般に巣室の下方でつながっている. このため幼虫は花粉ポケットの花粉を直接食べることができる. ただし，幼虫は巣室(幼虫室)の壁に開けた小孔からも花粉を給餌される. この場合成虫の蜜胃の中で蜜を混合されたものが吐き戻されて与えられる(吐き戻し給餌). ポケットを造らない種では幼虫はもっぱらこの給餌法で養育される.

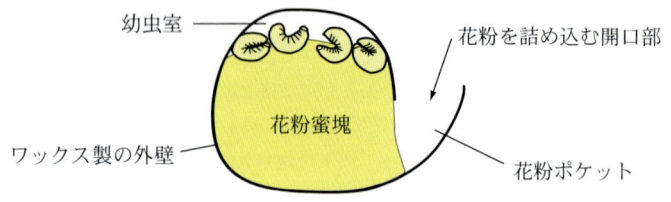

花粉ポケットを持つ巣室の断面

右側のページ（2ページ目）に示した訪花植物は，主に著者らが訪花を確認あるいは文献で確認したもので，観察した頻度が高い順に示した. ただし一般に訪花頻度が少ないとされている花でも，巣の近くに競合する花が無くその花の密度が高ければ頻繁に訪花するケースがある. このため周囲の環境によって訪花頻度の順位は異なり，ある場所では全く見向きもされなかった花が別の場所では最も頻度の高い花となることがある. また近似する仲間にも訪花の傾向がみられる場合は，〜類，〜科などと記した. 〜類の表現はあいまいで分類学的には適切ではないことがあるが，正確に表現すると煩雑になることがあり，一般の方にイメージし易い表現方法として使用した.

2）形態に関するページ（各亜種の3〜4ページ目）

左側のページ（3ページ目）には，各カーストの標本写真を掲載した. 同種内であっても毛色に個体変異があるため，毛色が異なる複数の標本を掲載している. 地域変異がみられる種(右ページの文章に記載)を除けば，多くは

個体変異を示すためのものであって採集地の情報はあまり重要でない場合が多い.

　右側のページ（4ページ目）の上半に，その種あるいは亜種の特徴，地域変異を文章で示した．その下には，各カーストの毛色の変異をイラストで示し，文章で説明を加えた．このページのみでも，種や亜種の同定はほぼ可能であると思われる．

イラストの左下には以下の記号を記した．

　㊕：普通にみられる毛色のパターン

　㊡：少ない毛色のパターン

　㊙：稀な毛色のパターン

　各カーストの説明の前に体長および頭幅を示した．各値は以下のように計測した．

体長：触角基部〜腹部先端の長さとし最小値と最大値を示した．標本は腹部を概ね伸ばして乾燥したものであるが，腹部の伸び具合や頭部の向きによって個体により計測値に多少の誤差が生じる場合がある．著者らの標本のデータに基づいているので，より小型あるいは大型の個体も存在するものと思われる．

頭幅：複眼の両端間の長さ．著者らが保管している標本および伊藤(1991)のデータのいずれかの最小値と最大値を示した．

　各種の解説(16〜103p)の右側のページの端にその種の典型的な毛色の標本写真を縮小して示した．上から女王，働き，雄の順で，各カーストの境界に横線を引いた．同カースト内でも毛色のパターンが複数ある場合は複数を示した．右は，エゾコマルハナバチの例である．上から女王，働き，働き，雄である．

　またその上には，分布域を北海道と本州以南に分け，分布範囲を四角い枠で囲った．右の例では，北海道に分布する亜種であるため北海道を枠で囲っている．北海道の離島のみに生息する利尻島のトラマルハナバチ，奥尻島のコマルハナバチについては，北海道を点線で囲った．

北海道・本州以南

♀

♀

♂

④南千島のマルハナバチ

　本書は南千島産の種・亜種については，標本その他の情報量が少ないため，p.12の「北海道産マルハナバチ一覧」以降では扱っていない．ここで，Ito & Sakagami（1980）とLelej & Kupianskaya（2000），およびそれ以後に得られた情報に基づいて概説する．

　歯舞群島から択捉までの島々から記録されている種は次の通り．

＜歯舞群島＞ エトロフシュレンクマルハナバチ，ノサップマルハナバチ，サハリンオオマルハナバチ（*B. albocinctus*）の3種．

＜色丹島＞ エゾナガマルハナバチ，エトロフシュレンクマルハナバチ，シコタンヒメマルハナバチ，エゾオオマルハナバチ，ノサップマルハナバチの5種．

＜国後島＞ 「北海道産マルハナバチ一覧」のうち，ミヤママルハナバチとセイヨウオオマルハナバチを除く10種．

＜択捉島＞ エトロフシュレンクマルハナバチ，チシママルハナバチ，エゾオオマルハナバチ，ノサップマルハナバチ，サハリンオオマルハナバチの5種．

　最近，Williams et al.（2012）はオオマルハナバチ亜属の全種のDNAを網羅的に比較し，ノサップマルハナバチとサハリンオオマルハナバチはともにヨーロッパから北米まで広域分布している*B. cryptarum*（キタノオオマルハナバチ）の地方個体群であると結論づけた．これに従い亜種を認める立場をとるなら，ノサップマルハナバチの学名は*B. cryptarum florilegus*，サハリンオオマルハナバチは*B. c. albocinctus*としなければならない．しかし，Williams et al.（2012）の結果ではノサップマルハナバチ，サハリンオオマルハナバチとも研究の進展や計算方法次第で別種とされうるレベルにあると思われたので，本書では独立種として取り扱っている．

　以下，南千島産の種のうち，千島固有の3亜種，千島固有種と考えられているチシママルハナバチおよびサハリンオオマルハナバチについて簡単に解説しておく．

1. クナシリシュレンクマルハナバチ　*B. schrencki kuwayamai*

分布　国後島．特徴：北海道産のシュレンクマルハナバチより黒色毛が減退し，T3に黒色毛はあっても疎らである．またT4とT5でも前半部に限られる．古い標本で見る限り，赤味がより薄く色が鈍いが，道産の最も明色型のもの

や褪色したものと際だった差はないようにもみえる（Sakagami & Ishikawa, 1969）.

2. エトロフシュレンクマルハナバチ　*B. schrencki konakovi*
分布　歯舞群島，色丹島，択捉島．特徴：ウルップ島にも分布する．頭部，胸部側面および体下面全体が黒色毛で覆われる．赤味はやや強めである．腹部背面の黒色毛は同程度かむしろ少なく，♀ではT3の側部とT4～5の前半部に生じるだけで目立たない（Sakagami & Ishikawa, 1969）．ロシアの文献では独立種として扱われている．

3. シコタンヒメマルハナバチ　*B. beaticola shikotanensis*
分布　色丹島．特徴：北海道亜種アイヌヒメマルハナバチの暗色化が進んだものとして記載された（Ito & Sakagami, 1980）．胸部背面は北海道産と大差ないが，頭部と体下面の毛がすべて黒く，T4も全黒．T5も節の前半分から全体を黒色毛域が占める．このため腹端の橙色部分が狭く目立たなくなる．しかし，記載はわずか2♀に基づいているものなので，この暗色化がどの程度の安定した形質といえるのか否か，今後の調査が待たれる．

4. チシマルハナバチ　*B. oceanicus*
分布　択捉島以北の千島列島．特徴：ヒメマルハナバチに近縁の小型種である．列島内で毛色の地域的変異が激しい．択捉島では，♀の胸部背面は前縁と後縁の灰黄色の帯が肩板間の幅広い黒帯を挟むパターンだが，黒帯が縮小して斑点状を呈する個体もある．腹部末端（T5, T6）は灰黄色で目立たない．そのほかの部分は黒い．働きバチは黒色毛の量が個体変異しやすく，胸部背面の背帯がほとんど消えている個体もある．またT1は通常，明色で，T2も黒主体だが前側からさまざまな程度に明色域が広がるものが多い．一方，腹端の灰色域が減退し，全体がほぼ黒色毛で覆われる個体が多い．♂も胸部背面の黒色毛が少なく，事実上消失または斑点状．腹部背面後端の白色毛はあったとしても目立たない．中部千島（オンネコタン島，ハリムコタン島など）では明色域の毛が赤橙色～淡橙色で，T3は黒，T4以降は白い（Ito & Sakagami (1980) のアカマルハナバチ *B. hypnorum klutchianus* は本種の誤り．Lelej & Kupianskaya (2000) の記録した *B. h. calidus* もおそらく同様）．また，北千島（パラムシル島，シムシル島など）には南千島タイプのほか，背帯が明瞭で胸部からT1, T2の前半中央部に灰黄色域が広がりT4～5が白色である型も得られている．この型は近縁の *B. jonellus*（ヨーロッパからカナダ北部まで

広域分布する種）に酷似するため誤認されやすい．本種は遺伝子間距離では旧北区の高緯度地方に広く分布する*B. cingulatus*に最も近く，同種とみるべきかもしれない（p.161の7を参照：田中，2001）．カムチャツカからはアカマルハナバチ型の*B. c. tilingi*が知られている（Ito & Kuranishi, 2000）．

5．サハリンオオマルハナバチ　*B. albocinctus*

分布　歯舞群島，択捉島．特徴：ヨーロッパからカムチャツカまでの高緯度地方に分布する．日本付近ではサハリンと北千島の優占種．毛色はノサップマルハナバチに似るがT4～T6（♂ではT4～T7）が白い．T4の前縁に多かれ少なかれ黒色毛が混じる．働きバチでは稀にT4全体が黒色毛になる個体も生じる．ノサップマルハナバチとの区別は通常は容易だが，ノサップでもT5以降にある程度の白色毛が混じることがあり，働きバチでは稀にサハリンオオマルハナバチと見分けにくい個体が生じる．

　サハリンオオマルハナバチの分布域はかつてシムシル島以北と考えられていたが，択捉島と歯舞群島（多楽島）からの記録が誤同定によるものでなければ，本種はほぼ千島列島全域に分布している可能性がある．地域によっては2集団が交雑して中間型を生じているのかもしれない．たいへん興味深いテーマであるが，これも今後の究明を待つしかない．

（文責・伊藤）

日本産マルハナバチの種・亜種名一覧

和　名	学　名	本	北	千
ナガマルハナバチ亜属	(*Megabombus*)			
ナガマルハナバチ	*B. consobrinus wittenburgi*	●		
エゾナガマルハナバチ	*B. yezoensis*		●	●
トラマルハナバチ	*B. diversus diversus*	●	○	
エゾトラマルハナバチ	*B. diversus tersatus*		●	●
ウスリーマルハナバチ	*B. ussurensis*	●		
ユーラシアマルハナバチ亜属	(*Thoracobombus*)			
ミヤマハナバチ	*B. honshuensis*	●	●	
シュレンクマルハナバチ	*B. schrencki albidopleuralis*		●	
エトロフシュレンクマルハナバチ	*B. schrencki konakovi*			●
クナシリシュレンクマルハナバチ	*B. schrencki kuwayamai*			●
ニセハイイロマルハナバチ	*B. pseudobaicalensis*	●	●	
ハイイロマルハナバチ	*B. deuteronymus deuteronymus*		●	●
ホンシュウハイイロマルハナバチ	*B. deuteronymus maruhanabachi*	●		
ヤドリマルハナバチ亜属	(*Psithyrus*)			
ニッポンヤドリマルハナバチ	*B. norvegicus japonicus*	●		
コマルハナバチ亜属	(*Pyrobombus*)			
コマルハナバチ	*B. ardens ardens*	●	○	
エゾコマルハナバチ	*B. ardens sakagamii*		●	●
ツシマコマルハナバチ	*B. ardens tsushimanus*	●		
ヒメマルハナバチ	*B. beaticola beaticola*	●		
アイヌヒメマルハナバチ	*B. beaticola moshkarareppus*		●	●
シコタンヒメマルハナバチ	*B. beaticola shikotanensis*			●
チシママルハナバチ	*B. oceanicus*			●
アカマルハナバチ	*B. hypnorum koropokkrus*		●	●
オオマルハナバチ亜属	(*Bombus*)			
オオマルハナバチ	*B. hypocrita hypocrita*	●		
エゾオオマルハナバチ	*B. hypocrita sapporoensis*		●	●
ノサップマルハナバチ	*B. florilegus*			●
クロマルハナバチ	*B. ignitus*	●		
セイヨウオオマルハナバチ	*B. terrestris*	●	●	
サハリンオオマルハナバチ	*B. albocinctus*			●

　本：本州以南，北：北海道，千：北方四島(歯舞群島，色丹島，国後島，択捉島)
　のどれか

　●：生息する地域

　○：北海道の一部の離島　詳細は4pの中段を参照

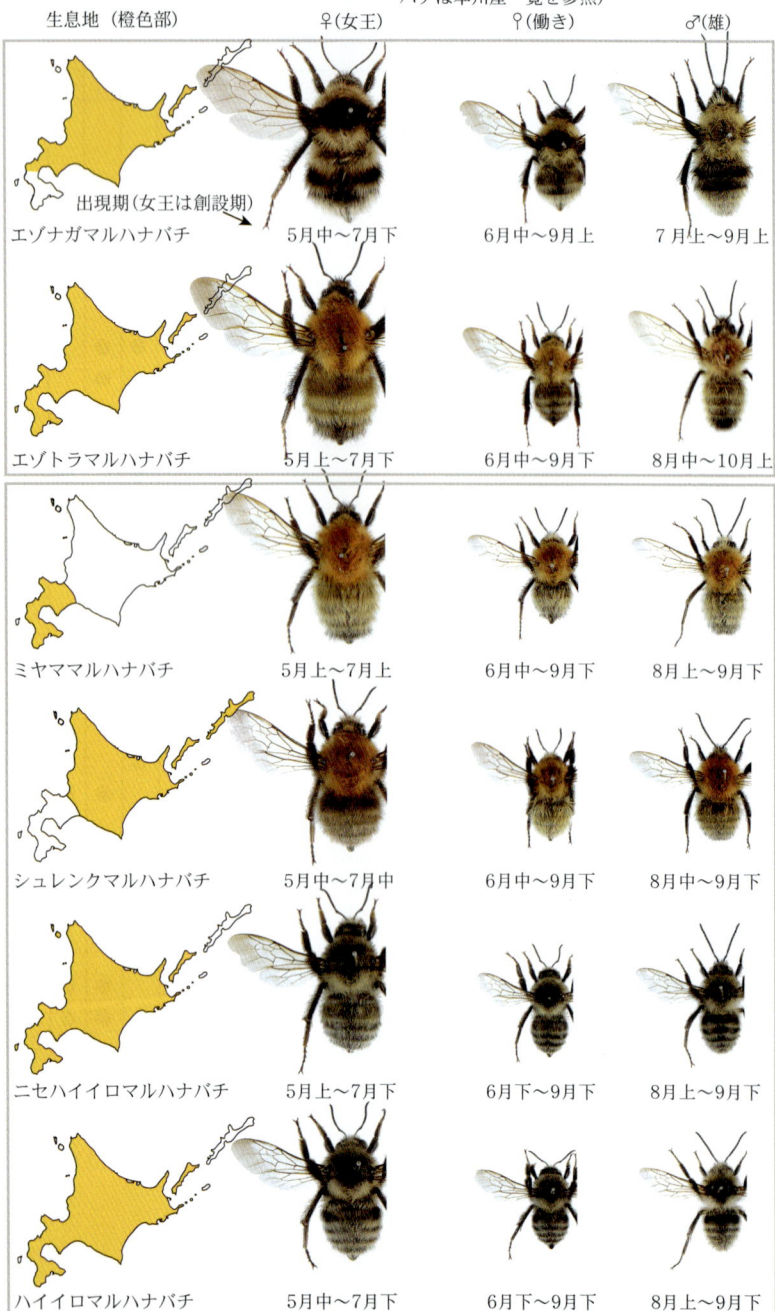

1. 北海道産マルハナバチ一覧

（奥尻産コマルハナバチ、利尻島産トラマルハナバチは本州産一覧を参照）

生息地（橙色部）	♀（女王）	♀（働き）	♂（雄）	
エゾナガマルハナバチ	5月中〜7月下（出現期（女王は創設期））	6月中〜9月上	7月上〜9月上	ナガマルハナバチ亜属
エゾトラマルハナバチ	5月上〜7月下	6月中〜9月下	8月中〜10月上	
ミヤママルハナバチ	5月上〜7月上	6月中〜9月下	8月上〜9月下	ユーラシアマルハナバチ亜属
シュレンクマルハナバチ	5月中〜7月中	6月中〜9月下	8月中〜9月下	
ニセハイイロマルハナバチ	5月上〜7月下	6月下〜9月下	8月上〜9月下	
ハイイロマルハナバチ	5月中〜7月下	6月下〜9月下	8月上〜9月下	

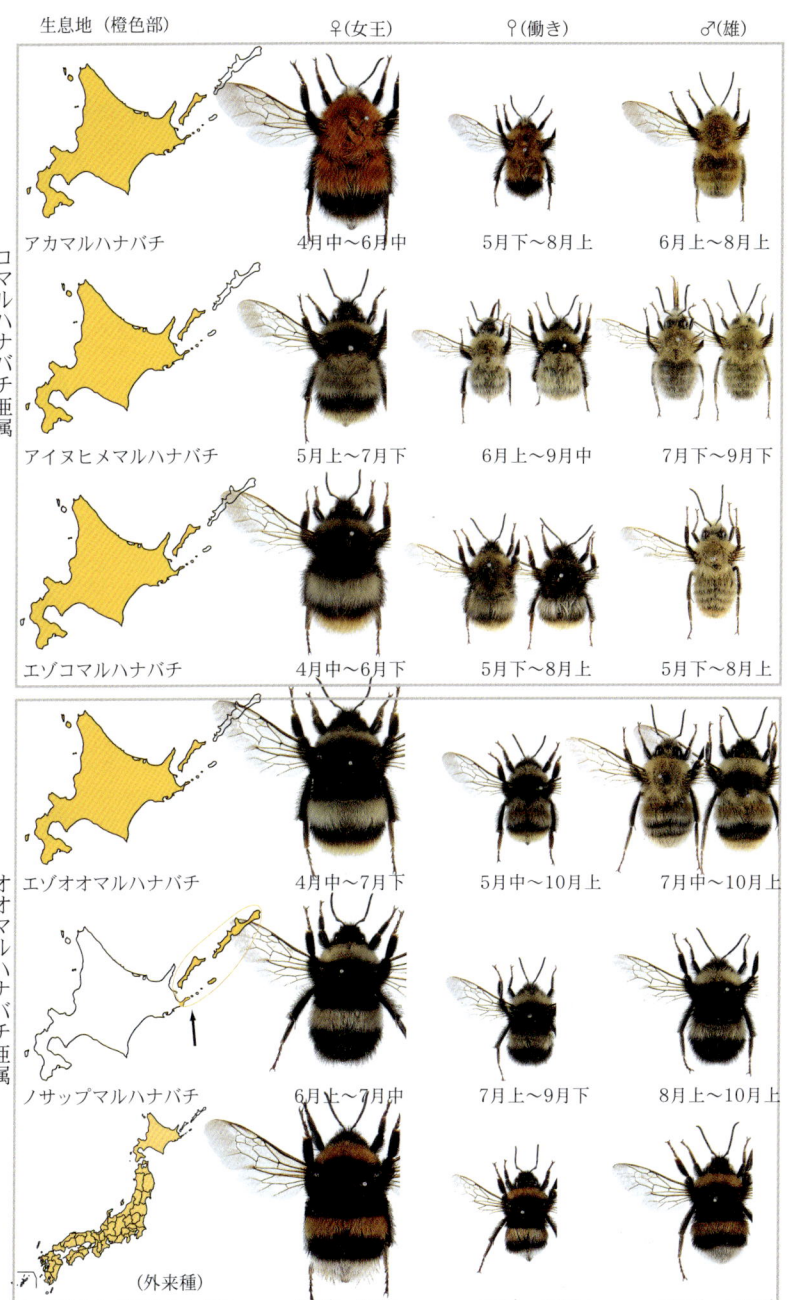

14

2. 本州以南産マルハナバチ一覧 （セイヨウオオマルハナバチは北海道産一覧を参照

15

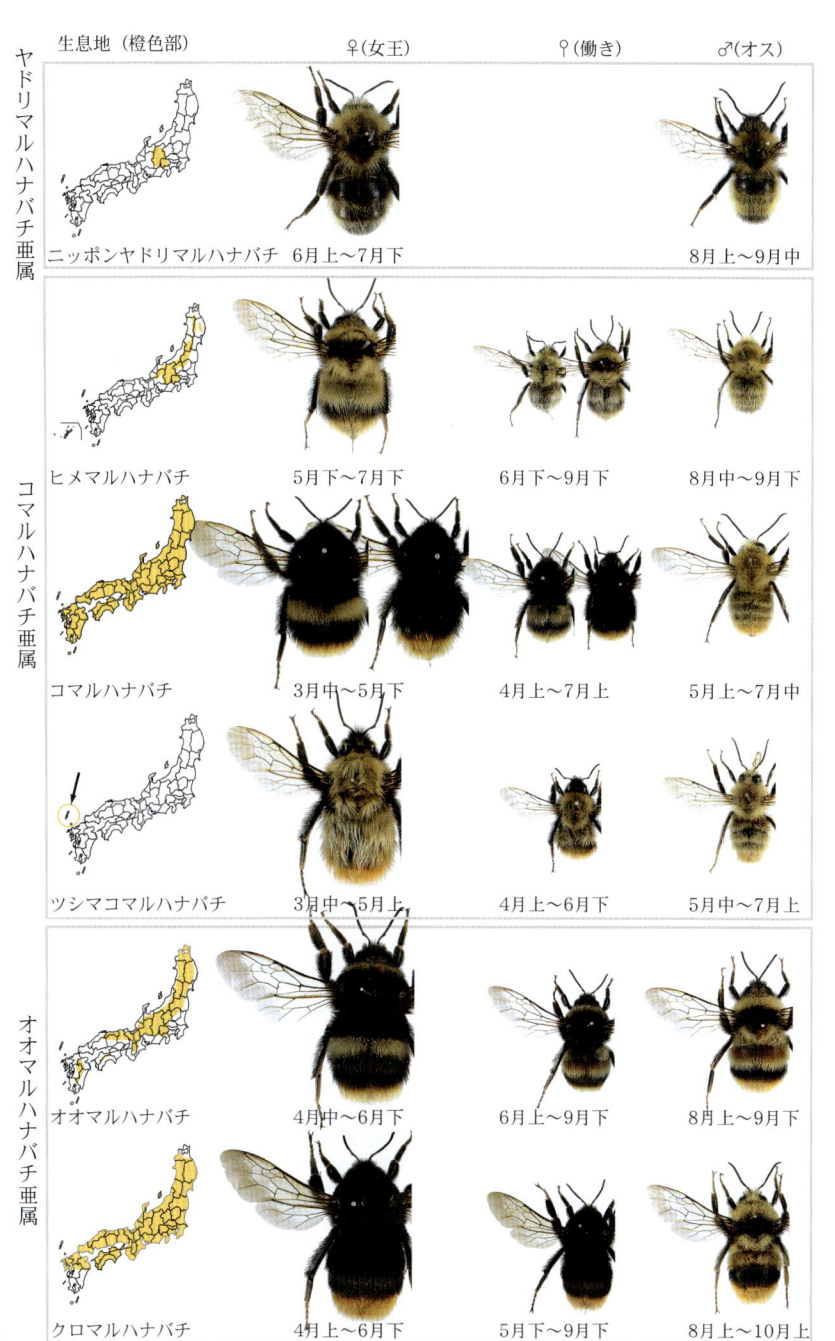

亜属	種名	生息地（橙色部）	♀(女王)	♀(働き)	♂(オス)
ヤドリマルハナバチ亜属	ニッポンヤドリマルハナバチ		6月上～7月下		8月上～9月中
コマルハナバチ亜属	ヒメマルハナバチ		5月下～7月下	6月下～9月下	8月中～9月下
コマルハナバチ亜属	コマルハナバチ		3月中～5月下	4月上～7月上	5月上～7月中
コマルハナバチ亜属	ツシマコマルハナバチ		3月中～5月上	4月上～6月下	5月中～7月上
オオマルハナバチ亜属	オオマルハナバチ		4月中～6月下	6月上～9月下	8月上～9月下
オオマルハナバチ亜属	クロマルハナバチ		4月上～6月下	5月下～9月下	8月上～10月上

3. 各種の解説

ナガマルハナバチ （ナガマルハナバチ本州亜種）

Bombus (Megabombus) consobrinus wittenburgi

分布　本州　/サハリン，朝鮮半島，シベリア，ヨーロッパ

主にみられる場所　東北地方の南部から中部山岳地帯にかけて局地的で山地～亜高山性
（標高約900～2500m）

営巣場所　地表，土中
営巣規模　総繭数200～400
給餌法　花粉ポケットを造る

巣外活動の時期

月	1	2	3	4	5	6	7	8	9	10	11	12
♀												
♀												
♂												

：新女王の越冬期間　　：巣外活動時期　色が薄いほど観察頻度は少ない

ナガマルハナバチが訪花する高原のトリカブト群落

長野県　2009年8月4日

主な訪花植物

♀：オドリコソウ，アヤメ，ウツギ類(タニウツギ属の仲間)，アカツメクサ，キイチゴ類，ミヤママタタビ，サルナシ，グミ類，コンフリー，オヤマボクチ，ギボウシ類，トリカブト類，アザミ類など．

北海道・本州以南

オドリコソウを訪花
長野県　2004年5月21日

♀：ウツギ類，アカツメクサ，アザミ類，ウツボグサ，ツリフネソウ，ウツギ類(タニウツギ属の仲間)，トリカブト類，オヤマボクチ，ママコナ，リンドウ類，クサフジ，ヤナギラン，ギボウシ類，ツルフジバカマ，ナス，アカハナマメ，キツリフネ，キュウリ，イカリソウなど．

ウツボグサを訪花
長野県　2004年7月1日

♂：トリカブト類，アザミ類，ギボウシ，オヤマボクチ，ママコナ，ツルフジバカマ，リンドウ類，クサフジ，ツリフネソウ，キツリフネなど．

トリカブトを訪花
富山県　2004年8月27日

ナガマルハナバチ （ナガマルハナバチ本州亜種）

女王バチ(♀)　　　　　　　　　　　　　　　　　　　　　　　　　×1.2

長野県　　　　　長野県　　　　　長野県　　　　　埼玉県
27.V.2008　　　28.VI.2010　　　27.V.2008　　　22.V.2009

働きバチ(♀)

長野県　　　　長野県　　　　長野県　　　　長野県　　　　長野県
28.VI.2010　　28.VI.2010　　28.VI.2010　　6.IX.2003　　8.IX.2008

雄バチ(♂)

長野県　　　　長野県　　　　富山県　　　　富山県　　　　富山県
21.IX.2009　　19.VIII.2010　17.IX.2009　　17.IX.2009　　17.IX.2009

ナガマルハナバチ（ナガマルハナバチ亜属）

特徴：マーラーエリアおよび下唇は各カーストとも顕著に長い．毛色は淡いウグイス色主体でT3には比較的明瞭な黒色毛帯がある．同亜属のウスリーマルハナバチに似るが，本種ではT2側方に黒色毛がみられ，ウスリーマルハナバチでは全くみられない．また本種の♀と♀では一般に中胸背板に赤褐色の帯がある点で区別できる．ただし，この赤褐色の帯は日齢の経過とともに薄れてゆくので注意が必要である．

地域変異：地域変異はみられない．

北海道・本州以南

♀：体長16.8～21.5mm，頭幅4.4～5.2mm

一般に新鮮な個体では中胸背板後半の毛色は赤褐色である．
T2：側方に黒色毛がかたまって生える．
T3：黒色毛帯は明瞭で個体変異は少ない．
T4, T5：黒色毛はみられない．

♀：体長12.5～18.0mm，頭幅3.2～4.4mm

毛色は♀とほぼ同様であるが以下の点で異なる．
T4, T5：黒色毛が多少なりとも混じる．

♂：体長14.1～16.9mm，頭幅3.5～4.3mm
ウスリーマルハナバチの♂に似るが以下の点で異なる．
T2：側方に黒色毛の塊がみられるが，稀に黒色毛が無い個体もある．ウスリーでは黒色毛は無い．**T3**：黒色毛が優勢あるいは後縁を除きほぼ黒色毛．ウスリーでは前縁付近のみ黒色毛．
T4〜T6：黒色毛は疎ら．ウスリーでは，少なくとも各節前半はほぼ黒色毛で覆われる．

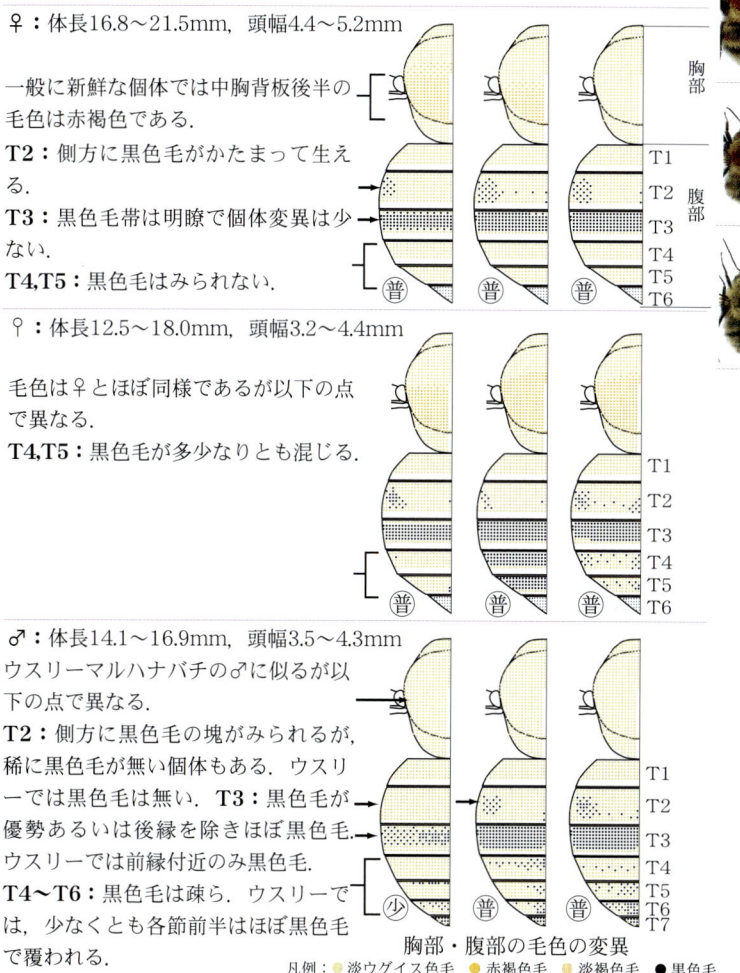

胸部・腹部の毛色の変異

凡例：●淡ウグイス色毛　●赤褐色毛　●淡褐色毛　●黒色毛

エゾナガマルハナバチ

Bombus (Megabombus) yezoensis

分布　北海道，国後

主にみられる場所　山地，森林が近い海岸部
(海岸部～標高約2000m)

営巣場所　地表，土中
営巣規模　総繭数100～300(推定)
給餌法　花粉ポケットを造る

巣外活動の時期

月	1	2	3	4	5	6	7	8	9	10	11	12
♀	▮	▮	▮	▮	▮	▬	▬	▬	▮	▮	▮	▮
♀							▬	▬				
♂						▬	▬					

▮：新女王の越冬期間　　▬：巣外活動時期　色が薄いほど観察頻度は少ない

エゾナガマルハナバチ♀♀♂が訪花するサワギキョウの群落
　　　　　　　　　　　　　　北海道根室市　2010年8月21日

主な訪花植物

オドリコソウを訪花
北海道札幌市　2006年6月6日

♀：オドリコソウ，センダイハギ，ウコンウツギ，タニウツギ，ムラサキヤシオ，アカツメクサ，コンフリー，タンポポ類，サクラ類，コバギボウシ，エゾリンドウ，ヒオウギアヤメ，トリカブト類，ハマエンドウ，アザミ類，サワギキョウ，クサフジ，ネムロシオガマ，ネジバナ，コヨウラクツツジなど

北海道・本州以南

サワギキョウを訪花
北海道札幌市　2006年8月22日

♀：サワギキョウ，アカツメクサ，チシマアザミ，ミヤマサワアザミ，トリカブト類，ミソガワソウ，タニウツギ，ウコンウツギ，オオアマドコロ，キツリフネ，エゾレイジンソウ，ウコンウツギ，タンポポ類，チシマフウロ，グンナイフウロ，エゾフウロ，ナガボノシロワレモコウ，クサフジ，ハマエンドウ，シオガマギクなど

エゾトリカブトを訪花
北海道札幌市　2006年8月22日

♂：トリカブト類，サワギキョウ，チシマアザミ，ミヤマサワアザミ，コンフリー，キツリフネ，チシマフウロ，コバギボウシ，エゾリンドウ，エゾオヤマリンドウ，ナガボノシロワレモコウ，エゾルリトラノオ，タンポポ類など

エゾナガマルハナバチ（ナガマルハナバチ亜属）

特徴：マーラーエリアおよび下唇は各カーストとも顕著に長い．♀と☿では胸部背面に黒色毛帯を持つ．北海道内では毛色が酷似する種は無いが，生態写真では♀はニセハイイロマルハナバチと，♂ではエゾオオマルハナバチと誤認されている例が度々みられるので注意が必要である．

地域変異：石狩低地帯より西南部では北東部産よりも黄褐色毛部がより暗色となる．また胸部およびT2の黒色毛域が広い個体の割合が高い．黒色毛域の多少において個体変異の幅は広いが，北東部では，前頁の右上隅の標本のように著しく黒化する個体はみられない．

北海道・本州以南

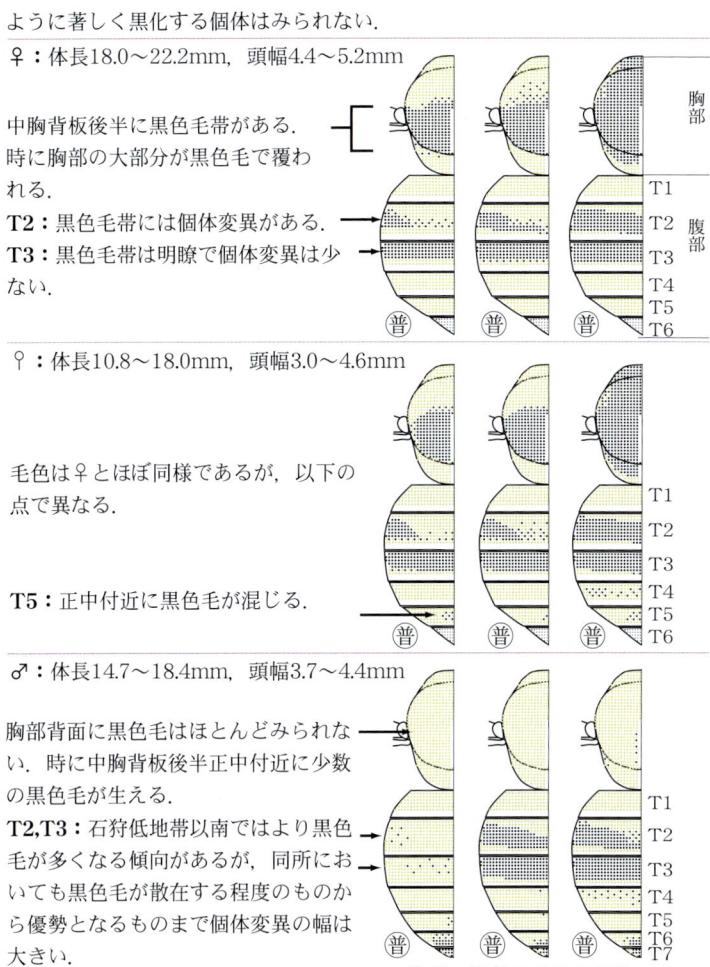

♀：体長18.0〜22.2mm，頭幅4.4〜5.2mm

中胸背板後半に黒色毛帯がある．時に胸部の大部分が黒色毛で覆われる．
T2：黒色毛帯には個体変異がある．
T3：黒色毛帯は明瞭で個体変異は少ない．

☿：体長10.8〜18.0mm，頭幅3.0〜4.6mm

毛色は♀とほぼ同様であるが，以下の点で異なる．

T5：正中付近に黒色毛が混じる．

♂：体長14.7〜18.4mm，頭幅3.7〜4.4mm

胸部背面に黒色毛はほとんどみられない．時に中胸背板後半正中付近に少数の黒色毛が生える．
T2,T3：石狩低地帯以南ではより黒色毛が多くなる傾向があるが，同所においても黒色毛が散在する程度のものから優勢となるものまで個体変異の幅は大きい．

胸部・腹部の毛色の変異
凡例：○淡黄褐色〜黄褐色毛　●黒色毛

トラマルハナバチ （トラマルハナバチ本州以南亜種）

Bombus (Megabombus) diversus diversus

分布　北海道（利尻，礼文）[*]，本州，四国，九州，対馬　／サハリン

　　[*]4ページの利用の手引参照

主にみられる場所　平地から亜高山まで普通
（海岸部〜標高約2200m）

営巣場所　土中，家屋の床下など
営巣規模　総繭数400〜1800
給餌法　花粉ポケットを造る

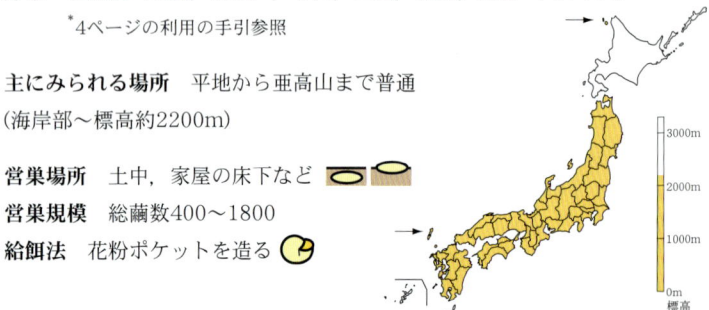

巣外活動時期

月	1	2	3	4	5	6	7	8	9	10	11	12

▮▮▮：新女王の越冬期間　　　：活動時期　色が薄いほど観察頻度は少ない

トラマルハナバチが訪花する里山の花壇

福島県　2008年6月22日

トラマルハナバチ（ナガマルハナバチ亜属）

主な訪花植物

♀：オドリコソウ，ツツジ類，アヤメ類，タンポポ類，コンフリー，ウツギ類(タニウツギ属の仲間)，ウツボグサ，ギボウシ類，ブルーベリー，リンゴ，アカツメクサ，ツリフネソウ，キケマン，イカリソウ類，ヒョウタンボク，ナナカマド，アザミ類，スイカズラなど．

北海道・本州以南

ツツジを訪花
長野県　2004年5月8日

♀：アカツメクサ，シロツメクサ，クララ，ソラマメ，クサフジなどマメ科，タンポポ類，ツリフネソウ，ウツボグサ，ユズ，リンゴ，ナスなどナス科，カボチャ，キュウリなどウリ科，コンフリー，トリカブト類，アザミ類，ツツジ科，アヤメ類，ギボウシ類，アベリヤ，キケマン類，ナンテン，オオアマドコロ，アオイ，ママコナ，スイカズラなど．

キツリフネを訪花
長野県　2005年9月2日

♂：トリカブト類，アザミ類，コンフリー，キケマン類，ラベンダー，サルビア，コスモス，オヤマボクチ，ツリフネソウ，キツリフネなど．

ツリフネソウを訪花
栃木県　2010年10月5日

トラマルハナバチ (トラマルハナバチ本州以南亜種)

女王バチ(♀) ×1.2

北海道利尻町 2.VII.2009
長野県 21.V.2008
長野県 21.V.2008
長野県 21.V.2008
山口県 6.V.2009

宮崎県 8.V.2009
長崎県対馬市 14.V.1969

働きバチ(♀)

青森県 25.VIII.2009
青森県 24.VIII.2009
栃木県 21.VI.2008
宮崎県 8.V.2009
長崎県対馬市 20.V.2005

雄バチ(♂)

群馬県 5.X.2010
群馬県 5.X.2010
群馬県 5.X.2010
群馬県 5.X.2010

トラマルハナバチ（ナガマルハナバチ亜属） 北海道・本州以南

特徴：マーラーエリアおよび下唇は顕著に長い．毛色は黄褐色〜赤褐色主体で一般に赤味が強く，腹部はT4〜T6が黒色毛で覆われる点で他種と区別できる．T1,T2には一般に黒色毛はみられない．T3は側方に黒色毛がかたまって生えることが多い．エゾトラマルハナバチとは，T3の側方に黒色毛が生える点や毛色の褐色味が強い点で異なる．

地域変異：南方ほど褐色味が強い個体の割合が高まる．ただし個体変異もみられ北方でも南方と同様の赤味の強い個体を含む．長崎県対馬産は安定して赤味が強く特に♀で区別が容易である．女王では毛は短くそろった感じがある．

♀：体長19.3〜23.4mm，頭幅4.8〜5.7mm
色あせた個体はウスリーマルハナバチに似るので注意が必要である．
T1,T2：一般に黒色毛は無い．ただし，時に側方や前縁部に黒色毛がみられる個体もある．
T3：側方に黒色毛がかたまって生える．
T4,T5：一般に黒色毛で覆われる．

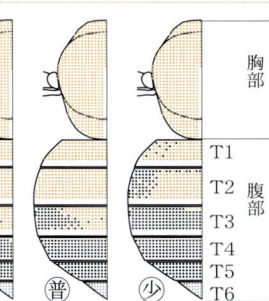

☿：体長11.6〜18.0mm，頭幅3.5〜4.5mm

胸部の毛色は女王に似るが，腹部の毛色は女王より赤味は薄く黄褐色〜赤褐色．ただし対馬産では女王同様に赤味は強い．

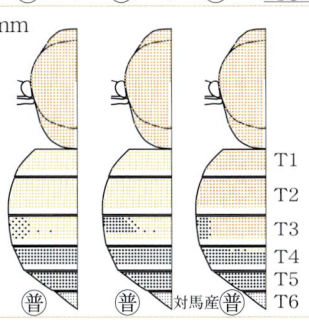

♂：体長13.7〜16.7mm，頭幅3.9〜4.4mm

毛色は☿によく似る．

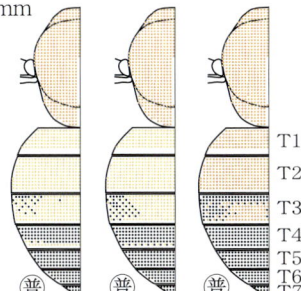

胸部・腹部の毛色の変異
凡例：●赤褐色毛　●黄色〜黄褐色毛　●黒色毛

エゾトラマルハナバチ (トラマルハナバチ北海道亜種)

Bombus (Megabombus) diversus tersatus

分布 北海道（利尻，礼文を除く），国後

主にみられる場所 平地から亜高山帯まで普通
（海岸部〜標高約1800m）

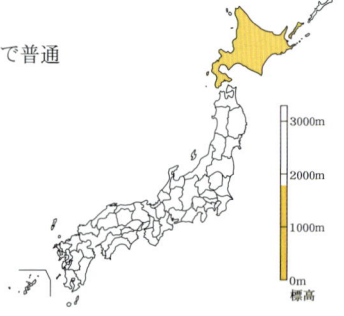

営巣場所 土中，石の下など
営巣規模 総繭数200〜900
給餌法 花粉ポケットを造る

巣外活動の時期

月	1	2	3	4	5	6	7	8	9	10	11	12
♀												
☿												
♂												

▮▮▮：新女王の越冬期間　　　：巣外活動時期　色が薄いほど観察頻度は少ない

エゾトラマルハナバチ♀が訪花する林道沿いのタニウツギ
北海道小樽市　2009年5月30日

主な訪花植物

♀：オドリコソウ，タニウツギ，ウコンウツギ，ミツバウツギ，ムラサキヤシオ，アカツメクサ，センダイハギ，コンフリー，タンポポ類，ウツボグサ，ヒオウギアヤメ，ノハナショウブなどアヤメ科，キツリフネ，オオハンゴンソウ，チシマアザミ，ヒメイズイ，オオアマドコロなどユリ科，ベニバナイチヤクソウ，エゾエンゴサクなど

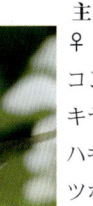

オドリコソウを訪花
北海道札幌市　2006年6月6日

♀：アカツメクサ，シロツメクサ，ヒロハクサフジ，アカハナマメ，エゾヤマハギなどマメ科，キツリフネ，ウツボグサ，ミソガワソウ，ジャコウソウ，チシマオドリコソウなどシソ科，タンポポ類，アザミ類，トリカブト類，サワギキョウ，カボチャ，キュウリなどウリ科，ナス科，コンフリー，コバギボウシ，ヒメイズイ，オオウバユリなどのユリ科，ホザキシモツケ，ヘラオオバコなど．

アカハナマメを訪花
北海道札幌市　2007年8月14日

♂：トリカブト類，アザミ類，オオハンゴンソウ，エゾノコンギク，タンポポ類，ゴボウ，コガネギク，オオアワダチソウなどキク科，コンフリー，コバギボウシ，ジャコウアオイ，カワミドリ，カボチャなどウリ科，クロバナヒキオコシ，ナガボノシロワレモコウなど

オオノアザミを訪花
北海道乙部町　2007年9月12日

エゾトラマルハナバチ （トラマルハナバチ北海道亜種）

女王バチ(♀) ×1.2

美深町　　　釧路市　　　夕張市　　　小樽市　　　八雲町
28.VI.2008　4.VII.2009　13.VI.2009　24.V.2008　26.VI.2007

働きバチ(♀)

猿払村　　　豊頃町　　　新冠町　　　奥尻町　　　乙部町　　　札幌市
4.IX.2010　18.IX.2010　30.VIII.2007　25.VI.2007　28.VIII.2007　24.IX.2007

雄バチ(♂)

猿払村　　　浜頓別町　　　美深町　　　札幌市　　　乙部町
4.IX.2010　12.IX.2009　11.IX.2010　25.VIII.2007　12.IX.2007

エゾトラマルハナバチ（ナガマルハナバチ亜属）

特徴：マーラーエリアおよび下唇は顕著に長い．毛色は黄色から黄褐色主体で，シュレンクマルハナバチやミヤママルハナバチに似るが，本種では口器がより長く，T5後縁の毛色がより暗色，後脚脛節最外縁の長毛が黒色あるいは淡褐色，頭楯の形状がより縦長である点などで区別できる．

地域変異：地域変異は明瞭ではないが，北海道南部産は腹部はやや縦長で横縞模様が明瞭，道東・道北産では腹部はやや短めで腹部の毛はいくぶん立ち横縞模様が不明瞭になる傾向がある．ただしこのような変異は漸移的で，個体変異もあり前述のような特徴の個体は両地域に混在する．

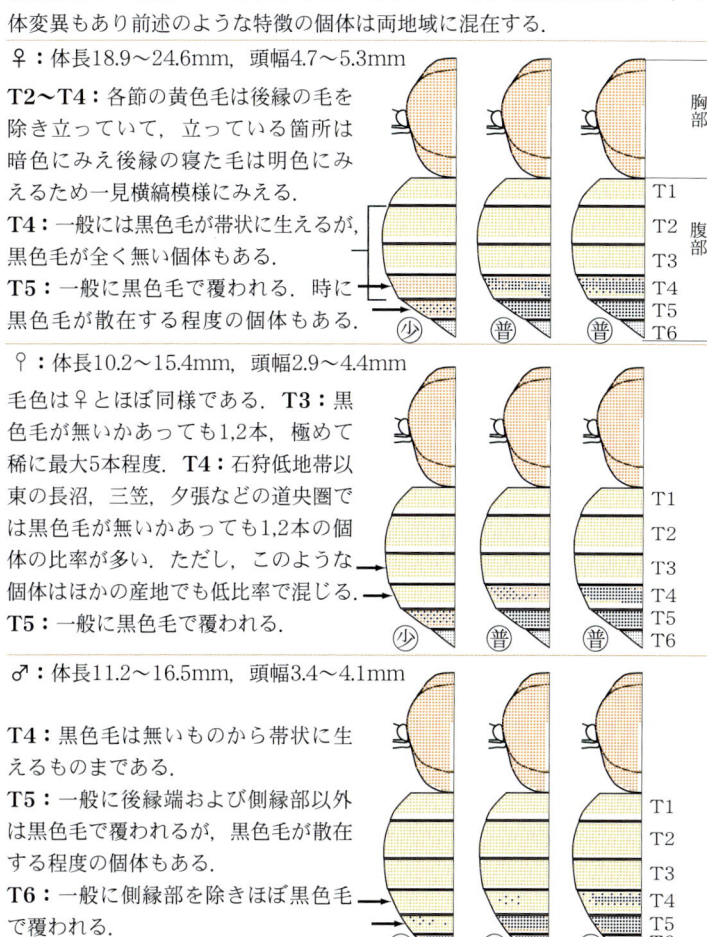

北海道・本州以南

♀：体長18.9〜24.6mm，頭幅4.7〜5.3mm

T2〜T4：各節の黄色毛は後縁の毛を除き立っていて，立っている箇所は暗色にみえ後縁の寝た毛は明色にみえるため一見横縞模様にみえる．
T4：一般には黒色毛が帯状に生えるが，黒色毛が全く無い個体もある．
T5：一般に黒色毛で覆われる．時に黒色毛が散在する程度の個体もある．

♀：体長10.2〜15.4mm，頭幅2.9〜4.4mm

毛色は♀とほぼ同様である．**T3**：黒色毛が無いかあっても1,2本，極めて稀に最大5本程度．**T4**：石狩低地帯以東の長沼，三笠，夕張などの道央圏では黒色毛が無いかあっても1,2本の個体の比率が多い．ただし，このような個体はほかの産地でも低比率で混じる．
T5：一般に黒色毛で覆われる．

♂：体長11.2〜16.5mm，頭幅3.4〜4.1mm

T4：黒色毛は無いものから帯状に生えるものまである．
T5：一般に後縁端および側縁部以外は黒色毛で覆われるが，黒色毛が散在する程度の個体もある．
T6：一般に側縁部を除きほぼ黒色毛で覆われる．

胸部・腹部の毛色の変異
凡例：● 赤褐色〜黄褐色毛　● 黄色毛　● 暗黄褐色毛　● 黒色毛

ウスリーマルハナバチ

Bombus (Megabombus) ussurensis

分布　本州　/朝鮮半島，中国東北部，沿海州

主にみられる場所　本州中部の山地周辺に局地的
(標高約600〜2000m)

営巣場所　土中
営巣規模　総繭数200〜1000
給餌法　花粉ポケットを造る

巣外活動の時期

月	1	2	3	4	5	6	7	8	9	10	11	12
♀												
♀												
♂												

：新女王の越冬期間　　：巣外活動時期　色が薄いほど観察頻度は少ない

ウスリーマルハナバチが生息する高原野菜の生産地

長野県　2005年8月9日

主な訪花植物

♀：オドリコソウ，ツヅジ類，コンフリー，アカツメクサ，ウツギ類(タニウツギ属の仲間)，グミ類，ツリフネソウ，ウツボグサ，アザミ類など．

北海道・本州以南

ハコネウツギを訪花
長野県　2004年6月8日

♀：アカツメクサ，ツリフネソウ，キツリフネ，ウツボグサ，キケマン，ギボウシ類，アザミ類，コンフリー，ママコナ，ナス，キュウリ，アカハナマメ，カボチャ，ホタルブクロなど．

ノアザミを訪花
長野県　2008年8月4日

♂：トリカブト類，タンポポ類，アザミ類，コンフリー，ツリフネソウ，キツリフネ，キケマン，ナギナタコウジュなど．

ツリフネソウを訪花
長野県　2010年9月7日

ウスリーマルハナバチ

女王バチ(♀)　　　　　　　　　　　　　　　　　　　　　×1.2

長野県　　　　　山梨県　　　　　長野県　　　　　長野県
21.IX.2009　　　20.V.2009　　　28.V.2008　　　28.V.2008

働きバチ(♀)

長野県　　　　　長野県　　　　　山梨県　　　　　山梨県
29.VII.2008　　20.VII.2008　　7.IX.2009　　　7.IX.2009

雄バチ(♂)

山梨県　　　　　山梨県　　　　　長野県　　　　　長野県
14.IX.2010　　　14.IX.2010　　　6.IX.2003　　　27.IX.2003

ウスリーマルハナバチ（ナガマルハナバチ亜属）

北海道・本州以南

特徴：トラマルハナバチと同様でマーラーエリアおよび下唇は顕著に長い．毛色はウグイス色主体で，同亜属のナガマルハナバチの♀♀とは，中胸背板に赤褐色の帯を持たない点で区別できる．また本種ではT2側方に黒色毛を欠く．また本種の後脛節外縁の長毛の色は褐色であるが，ナガマルハナバチとトラマルハナバチでは黒色である点で区別できる．

地域変異：地域変異はみられない．

♀：体長19.7〜21.9mm，頭幅4.8〜5.2mm

胸部背面の毛色はウグイス色で橙色毛や黒色毛はみられない．

T2：黒色毛はみられない．
T3：前半は黒色毛，後半は淡色毛．
T4, T5：各節の後縁を除き黒色毛．

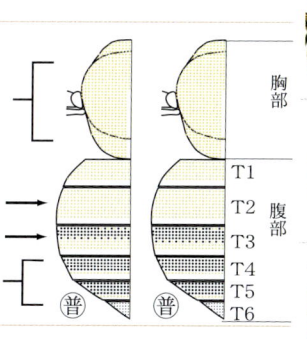

♀：体長9.9〜12.1mm，頭幅2.9〜4.1mm

毛色は♀とほぼ同様である．

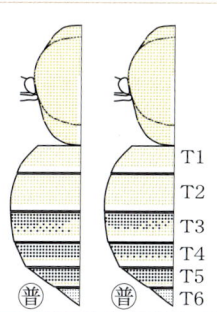

♂：体長13.3〜15.8mm，頭幅3.7〜4.3mm

ナガマルハナバチの♂に似るが以下の点で異なる．
T2：側方に黒色毛はみられない．ナガマルでは一般に黒色毛がある．**T3**：前縁付近のみ黒色毛．ナガマルでは黒色毛が優勢あるいは後縁を除きほぼ黒色毛．**T4〜T6**：黒色毛が優勢．ナガマルでは黒色毛は疎ら．

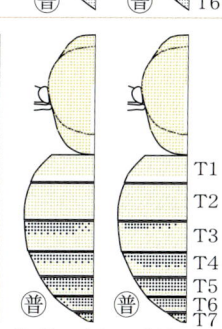

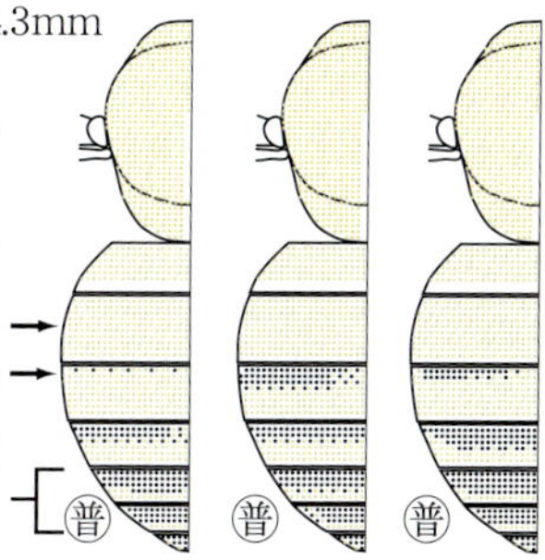

胸部・腹部の毛色の変異
凡例：● ウグイス色毛　● 黒色毛

ミヤママルハナバチ

Bombus (Thoracobombus) honshuensis

分布　北海道(石狩低地帯以西), 本州, 四国, 九州

主にみられる場所　山地, 高原
(標高約200～2500m)

営巣場所　地表, 朽木の根元など
営巣規模　総繭数200～400
給餌法　花粉ポケットを造る

巣外活動の時期

月	1	2	3	4	5	6	7	8	9	10	11	12
♀												
♀												
♂												

▨▨▨：新女王の越冬期間　　　：巣外活動時期　色が薄いほど観察頻度は少ない

ミヤママルハナバチの生息する高原

富山県　2009年9月1日

ミヤママルハナバチ（ユーラシアマルハナバチ亜属）　　　　　　　　　　*37*

主な訪花植物

♀：オドリコソウ，アカツメクサ，シロツメクサ，タンポポ類，アヤメ類，キイチゴ類，マタタビ，サルナシ，グミ類，アザミ類など．

北海道・本州以南

オドリコソウを訪花
長野県　2008年6月1日

♀：シロツメクサ，ゲンノショウコ，ウツギ類(タニウツギ属の仲間)，キイチゴ類，タンポポ類，オオハンゴンソウ，ヒキオコシ，アザミ類，ノイバラ，ナギナタコウジュ，ハナトラノオ，ツルフジバカマ，クサフジ，ホツツジ，ハギ類，リョウブ，ミヤマママコナ，タケニグサ，タチオランダゲンゲ，クサボタン，ギボウシ類など．

タチオランダゲンゲを訪花
北海道乙部町　2007年6月26日

♂：アザミ類，オオハンゴンソウ，ハギ類，ハナトラノオなど．

オオハンゴンソウを訪花
北海道乙部町　2007年9月12日

ミヤママルハナバチ

女王バチ(♀)

×1.2

| 北海道 札幌市 22.V.2011 | 北海道 島牧村 28.V.2011 | 長野県 21.V.2008 | 長野県 21.V.2008 | 長野県 24.VI.2010 | ＊腹部の毛が白化した個体 長野県 21.IX.2009 |

働きバチ(♀)

| 北海道 乙部町 12.IX.2007 | 北海道 乙部町 14.IX.2007 | 北海道 福島町 24.VI.2007 | 秋田県 25.VIII.2009 | 福島県 21.VI.2008 | 埼玉県 4.IX.2009 |

雄バチ(♂)

| 北海道 乙部町 12.IX.2007 | 埼玉県 4.IX.2009 | 埼玉県 4.IX.2009 | 埼玉県 4.IX.2009 | 埼玉県 4.IX.2009 |

ミヤママルハナバチ（ユーラシアマルハナバチ亜属）

特徴：エゾトラマルハナバチに似るが，亜属が異なりマーラーエリアおよび下唇はより短い．胸部側面と腹部の毛は鮮黄色．また腹部背面の暗色と明色の横縞模様は一般には不明瞭である．シュレンクマルハナバチにもよく似るが分布は重ならない．毛色はシュレンクマルハナバチよりも全体的に明色．

地域変異：東北北部産を除いて本州産は一般にT5,T6において北海道産より黒色毛が少ない．東北北部産と北海道産の毛色はよく似る．

北海道・本州以南

♀：体長15.9〜18.9mm，頭幅4.3〜5.3mm

T4：本州産→黒色毛は無いかあっても1〜2本．北海道・東北北部産→黒色毛は側方前半に少数あるいはややかたまって生えることが多い．

T5：本州産→下半が黄色毛．北海道・東北北部産→後縁部のみ黄色毛．

♀：体長9.9〜16.2mm，頭幅2.9〜4.3mm

T4：本州産→黒色毛は無いか側方前縁付近に極く少数みられる．北海道・東北北部産→黒色毛は前縁付近に少数，あるいはややかたまって生える個体が多い．

T5：本州産→黄色毛が優先する個体が多い．北海道・東北北部産→後縁部を除いて黒色毛で覆われる個体が多い．

♂：体長10.2〜13.8mm，頭幅3.3〜4.1mm

T5：本州産→黒色毛は無い個体が多い．北海道産→一般に黒色毛は前縁部にみられる．

T6：ほぼ黒色毛あるいは後縁部を除き黒色毛で覆われる．

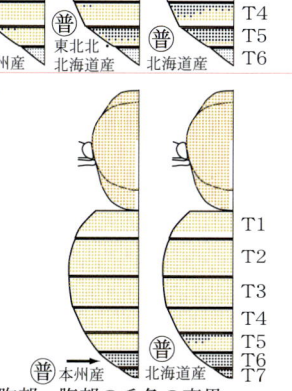

胸部・腹部の毛色の変異

凡例：● 赤褐色〜黄褐色毛　● 鮮黄色〜黄色毛　● 黒色毛

シュレンクマルハナバチ （シュレンクマルハナバチ北海道亜種）

Bombus (Thoracobombus) schrencki albidopleuralis

分布　北海道，国後，択捉／ウルップ，朝鮮半島，サハリン，カムチャツカ，シベリア，中国東北部，モンゴル

主にみられる場所　石狩低地帯以東に生息．
道東では海岸部に多い(海岸部〜標高約800m)

営巣場所　地表
営巣規模　総繭数50〜300
給餌法　花粉ポケットを造る

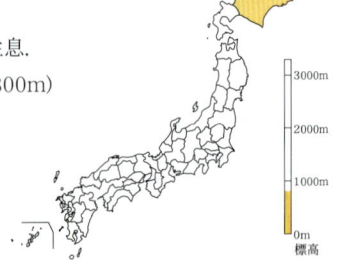

巣外活動の時期

月	1	2	3	4	5	6	7	8	9	10	11	12
♀												
♀												
♂												

：新女王の越冬期間　　：巣外活動時期　色が薄いほど観察頻度は少ない

シュレンクマルハナバチ♀が訪花する海岸部原生花園のセンダイハギの群落
北海道大樹町　2009年6月20日

主な訪花植物

♀：センダイハギ，タンポポ類，クサフジ，ムラサキヤシオ，エゾオオサクラソウ，アザミ類，ナガボノシロワレモコウ，サラシナショウマ，ラベンダーなど．

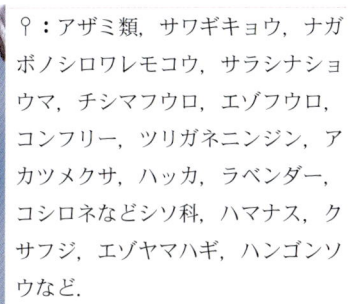

北海道・本州以南

センダイハギを訪花
北海道大樹町　2009年6月20日

♀：アザミ類，サワギキョウ，ナガボノシロワレモコウ，サラシナショウマ，チシマフウロ，エゾフウロ，コンフリー，ツリガネニンジン，アカツメクサ，ハッカ，ラベンダー，コシロネなどシソ科，ハマナス，クサフジ，エゾヤマハギ，ハンゴンソウなど．

チシマアザミを訪花
北海道別海町　2007年8月8日

♂：アザミ類，サワギキョウ，ナガボノシロワレモコウ，サラシナショウマ，ハッカ，コシロネ，チシマフウロ，エゾフウロ，コンフリー，ツリガネニンジン，ハンゴンソウ，クサフジ，アカツメクサ，イヌゴマなど．

サワギキョウを訪花
北海道別海町　2007年8月18日

シュレンクマルハナバチ （シュレンクマルハナバチ北海道亜種）

×1.2

女王バチ(♀)

根室市	根室市	大樹町	日高町	夕張市
25.VI.2006	5.VI.2010	20.VI.2009	10.VI.2005	15.VI.2008

働きバチ(♀)

別海町	別海町	猿払村	豊頃町	日高町	夕張市
28.VIII.2010	18.VIII.2007	4.IX.2010	18.IX.2010	4.VII.2007	16.VI.2008

雄バチ(♂)

根室市	根室市	別海町	別海町	別海町
23.IX.2006	23.IX.2006	18.VIII.2007	18.VIII.2007	28.VIII.2010

特徴：エゾトラマルハナバチに似るが，マーラーエリアおよび下唇はより短く一回り小型で胸部背面の毛色はやや赤味が強い．腹部の横縞模様は明瞭な個体と不明瞭な個体があり♀や♂では概観で判断できないものも少なくない．ミヤマルハナバチにもよく似るが分布は重ならない．ミヤママルハナバチより毛色はやや暗色で腹部の横縞模様はやや明瞭．

地域変異：♀では道東太平洋岸の一部で比較的安定的にT3〜T5の前縁に黒色毛を有する地域もあるが，一般的にはT3〜T5前縁の黒色毛が顕著な個体から黒色毛を有しない個体まで幅広い個体変異がみられる．

♀：体長14.5〜19.4mm，頭幅4.3〜5.0mm

T4〜T6：各節前縁付近の黒色毛の多少には個体変異がある．また後縁を除く明色部は黄褐色の場合と黄色の場合があり個体変異がある．ただし**T2**の毛は後縁部を除き安定的に黄褐色である．

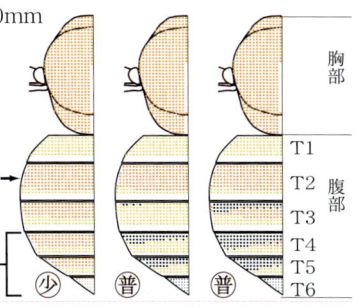

♀：体長9.8〜15.3mm，頭幅3.0〜4.2mm

ほぼ♀と同様である．

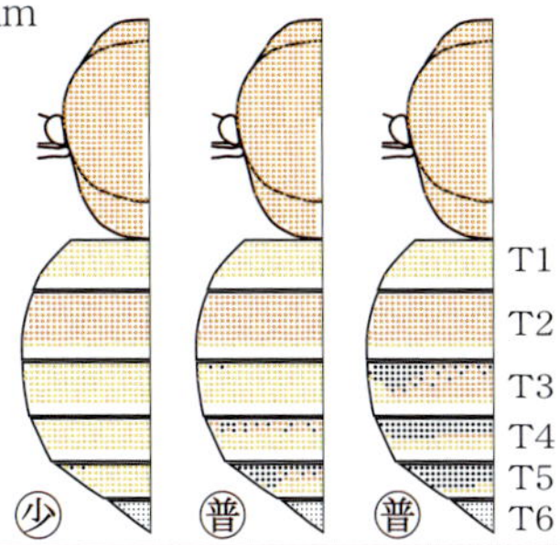

♂：体長11.2〜16.2mm，頭幅3.2〜4.0mm

ほぼ♀と同様であるが以下の点で異なる．

T6：黄色毛はエゾトラマルハナバチやミヤママルハナバチでは無いかあっても後縁のみであるのに対し，本種では後半部に広く散在する．

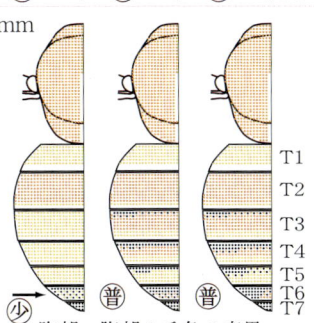

胸部・腹部の毛色の変異

凡例：●赤褐色〜黄褐色毛　●鮮黄色〜黄色毛　●暗黄褐色毛　●黒色毛

北海道・本州以南

ニセハイイロマルハナバチ

Bombus (Thoracobombus) pseudobaicalensis

分布　北海道，本州(青森県，岩手県)，国後　/サハリン，沿海州，中国東北部，朝鮮半島

主にみられる場所　低地．少数は山地の草原でみられる(海岸部～標高約700m)

営巣場所　地表
営巣規模　総繭数200～400
給餌法　花粉ポケットを造る

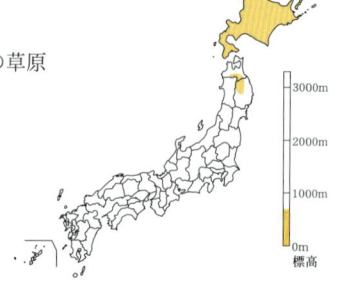

巣外活動の時期

月	1	2	3	4	5	6	7	8	9	10	11	12
♀												
♀												
♂												

▰▰▰▰：新女王の越冬期間　　　　：巣外活動時期　色が薄いほど観察頻度は少ない

＊本種♀は，シュレンクマルハナバチの初期のコロニーを乗っ取ることで知られる．

ニセハイイロマルハナバチが訪花する海岸草原のヒロハクサフジの群落
北海道猿払村　2010年9月4日

主な訪花植物

♀：センダイハギ，アカツメクサ，シロツメクサ，クサフジ，ハマエンドウ，ソラマメなどのマメ科，タンポポ類，アヤメ科，オドリコソウ，キャットミントなどシソ科，コンフリー，オオハンゴンソウ，ゴボウ，タニウツギ，ドウダンツツジ，ハスカップ，ヒルガオ，ムラサキケマン，ヤナギ類など．

センダイハギを訪花
北海道大樹町　2009年6月20日

♀：シロツメクサ，クサフジ，ヒロハクサフジ，ハマエンドウ，ナンテンハギ，エゾヤマハギ，ソラマメ，ウンランなどマメ科，ラベンダー，ハッカなどシソ科，コンフリー，イヌゴマ，カボチャ，タンポポ類，アザミ類，ナガボノシロワレモコウ，サラシナショウマ，ハマナス，園芸バラ，ツリガネニンジン，チシマフウロ，エゾフウロ，ヘラオオバコ，オオハンゴンソウなど．

ウンランを訪花のために飛翔中
北海道大樹町　2009年9月20日

♂：アザミ類，オオハンゴンソウ，タンポポ類，エゾノコンギク，エゾオグルマ，コガネギク，ユウゼンギクなどのキク科，ハッカなどシソ科，シロツメクサ，ツリガネニンジン，チシマフウロ，エゾフウロ，ヒロハクサフジ，クサフジ，ナガボノシロワレモコウ，サラシナショウマ，ハマベンケイソウ，マリーゴールド，コンフリー，アカツメクサなど．

エゾノコンギクを訪花
北海道大樹町　2009年9月20日

北海道・本州以南

ニセハイイロマルハナバチ

×1.2

女王バチ(♀)

利尻町	稚内市	日高町	小樽市	乙部町
2.VII.2009	29.VI.2008	10.VI.2006	11.VIII.2007	23.VI.2007

働きバチ(♀)

別海町	大樹町	新冠町	札幌市	小樽市	上ノ国町
18.VIII.2007	20.VI.2009	30.VIII.2007	2.VII.2007	26.IX.2004	27.VIII.2007

雄バチ(♂)

猿払村	別海町	小樽市	札幌市	長万部町
4.IX.2010	18.VIII.2007	6.X.2007	24.IX.2007	12.IX.2007

ニセハイイロマルハナバチ（ユーラシアマルハナバチ亜属）

特徴：毛色は淡黄灰色主体で黒色毛が混じる．酷似のハイイロマルハナバチとはT2側方の黒色毛が無いかあっても少数が散在する程度である点，花粉籠(裸面)周辺の最内縁に列在する長い剛毛は黒色である点，T2前半の毛はハイイロマルハナバチほど褐色を帯びない点などで区別できる．また♂では触角鞭節の片側の各節の中央が強く膨らむことで区別できる．詳細はp108を参照のこと．一般に新鮮な個体ほど黄色味を帯びる．

地域変異：胸部背面の黒色毛の多少には若干の個体変異がある．顕著な地域変異は認められない．

北海道・本州以南

♀：体長15.2〜20.2mm，頭幅4.3〜5.1mm

T2：一般に側方に黒色毛はない．稀に1,2本の黒色毛が生える場合がある．前半の黒色毛以外の毛は淡褐色．

♀：体長9.4〜15.6mm，頭幅2.9〜4.3mm

全体的に他のカーストより黒色毛が多い．

T2：側方の黒色毛は一般に0〜10本で最大20本程度．前半の黒色毛以外の毛は淡褐色．

♂：体長10.4〜14.6mm，頭幅3.2〜4.1mm

T2：側方の黒色毛は一般に0〜2本で最大15本程度．前半の黒色毛以外の毛は淡褐色．

胸部・腹部の毛色の変異

凡例：○淡黄灰色毛　○淡褐色毛　●黒色毛

ハイイロマルハナバチ（ハイイロマルハナバチ北海道亜種）

Bombus (Thoracobombus) deuteronymus deuteronymus

分布　北海道，国後　/中国東北部，シベリア東南部，東ヨーロッパ

主にみられる場所　低地の草原．
時に低山地の草原にもみられる
（海岸部～標高約600m）

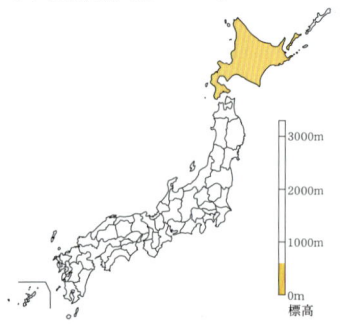

営巣場所　地表，土中
営巣規模　総繭数200～400
給餌法　花粉ポケットを造る

巣外活動の時期

月	1	2	3	4	5	6	7	8	9	10	11	12
♀	■	■	■	■	■					■	■	■
♀												
♂												

■■■：新女王の越冬期間　　：巣外活動時期　色が薄いほど観察頻度は少ない

ハイイロマルハナバチが生息する沼地周辺の草原．♀はアカツメクサを訪花．
（ニセハイイロマルハナバチも生息する）　　　北海道札幌市　2009年6月20日

主な訪花植物

♀：アカツメクサ，シロツメクサ，クサフジ，ハマエンドウ，センダイハギなどマメ科，タンポポ類，アヤメ科，ラベンダー，アジュガなどのシソ科など．

北海道・本州以南

アカツメクサを訪花
北海道札幌市　2009年6月20日

♀：クサフジ，シロツメクサ，エゾヤマハギ，ハマエンドウなどマメ科，タンポポ類，ラベンダーなどシソ科，ウンラン，ナガボノシロワレモコウ，ハマナスなど．

エゾヤマハギを訪花
北海道札幌市　2009年9月20日

♂：アザミ類，オオハンゴンソウ，タンポポ類，エゾノコンギク，エゾオグルマ，コガネギクなどのキク科，ラベンダーなどシソ科，シロツメクサ，ツリガネニンジン，エゾフウロなど．

セイヨウタンポポを訪花
北海道根室市　2006年9月23日

ハイイロマルハナバチ （ハイイロマルハナバチ北海道亜種）

女王バチ(♀) ×1.2

稚内市	稚内市	白糠町	札幌市	札幌市
29.VI.2008	29.VI.2008	4.VII.2009	3.IX.2007	3.IX.2007

働きバチ(♀)

三笠市	札幌市	札幌市	札幌市	札幌市
23.VIII.2008	20.VIII.2007	18.VII.2009	24.VIII.2007	24.VIII.2007

雄バチ(♂)

根室市	根室市	新篠津村	札幌市	札幌市
23.IX.2006	23.IX.2006	23.VIII.2008	3.IX.2007	20.VIII.2007

ハイイロマルハナバチ（ユーラシアマルハナバチ亜属）

特徴：毛色は淡黄灰色主体で黒色毛が混じる．酷似のニセハイイロマルハナバチとは花粉籠(裸面)周辺の最内縁に列在する長い剛毛が明色化し短い剛毛のみが黒色である点，T2側方に20〜100本の黒色毛がかたまって生え，T2前半の毛はニセハイイロより褐色を帯びる点で区別できる．詳細はp108を参照のこと．新鮮な個体ほど黄色味を帯びる．

地域変異：T2〜T5の黒色毛の多少はニセハイイロマルハナバチよりやや個体変異に幅がある．顕著な地域変異は認められない．

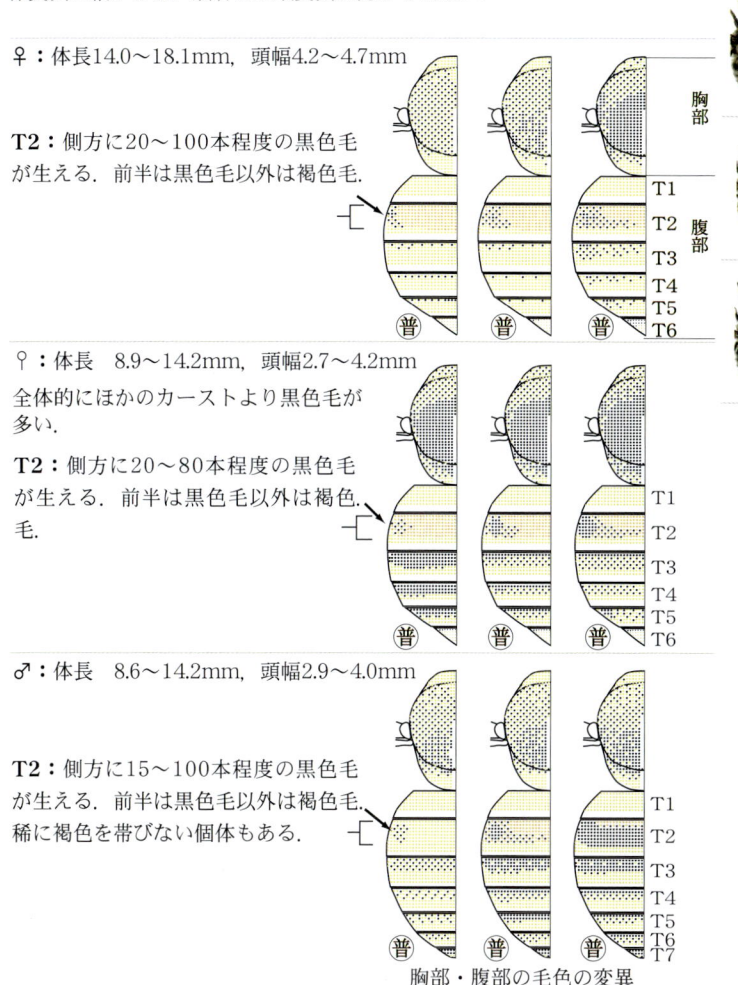

北海道・本州以南

♀：体長14.0〜18.1mm，頭幅4.2〜4.7mm

T2：側方に20〜100本程度の黒色毛が生える．前半は黒色毛以外は褐色毛．

♀：体長 8.9〜14.2mm，頭幅2.7〜4.2mm
全体的にほかのカーストより黒色毛が多い．

T2：側方に20〜80本程度の黒色毛が生える．前半は黒色毛以外は褐色毛．

♂：体長 8.6〜14.2mm，頭幅2.9〜4.0mm

T2：側方に15〜100本程度の黒色毛が生える．前半は黒色毛以外は褐色毛．稀に褐色を帯びない個体もある．

胸部・腹部の毛色の変異
凡例：●淡黄灰色毛 ●褐色毛 ●黒色毛

ホンシュウハイイロマルハナバチ （ハイイロマルハナバチ本州亜種）

Bombus (Thoracobombus) deuteronymus maruhanabachi

分布　本州(本州中部, 岩手県)

主にみられる場所　山地の草原や田畑の畦など
日当たりの良い開けた場所に営巣する．分布は局地的
(標高約500m〜1500m)

営巣場所　地表, 土中
営巣規模　総繭数50〜600
給餌法　花粉ポケットを造る

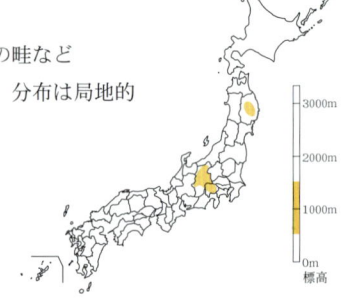

巣外活動の時期

月	1	2	3	4	5	6	7	8	9	10	11	12
♀	■	■	■	■	■					■	■	■
♀												
♂												

■■■：新女王の越冬期間　　：巣外活動時期　色が薄いほど観察頻度は少ない

ホンシュウハイイロマルハナバチが訪花する高原のクサフジ

長野県　2009年8月4日

主な訪花植物

♀：アカツメクサ，コンフリー，クサフジなどのマメ科，ウツボグサ，タンポポ類，ナワシロイチゴ，アザミ類，ラベンダー，キャットミントなど．

北海道・本州以南

アカツメクサを訪花
長野県　2008年6月1日

♀：シロツメクサ，クサフジなどマメ科，キイチゴ類，コンフリー．タンポポ類，アザミ類，ラベンダー，サルビア，キャットミント，アカツメクサなど．

クサフジを訪花
長野県　2008年7月1日

♂：クサフジ，シロツメクサなどマメ科，アザミ類，ラベンダー，サルビア，キャットミントなど．

クサフジを訪花
長野県　2009年8月14日

ホンシュウハイイロマルハナバチ （ハイイロマルハナバチ本州亜種）

×1.2

女王バチ(♀)

長野県
28.VI.2010

長野県
13.VI.2008

長野県
13.VI.2008

長野県
28.VI.2008

働きバチ(♀)

長野県
7.IX.2009

長野県
27.VII.2008

長野県
17.VIII.2003

長野県
14.VIII.2009

長野県
14.VIII.2009

雄バチ(♂)

長野県
14.IX.2009

長野県
14.IX.2009

長野県
14.VIII.2009

長野県
14.IX.2009

長野県
14.IX.2009

特徴：毛色は淡黄灰色主体で黒色毛が混じる．近似のニセハイイロマルハナバチとは花粉籠(裸面)周辺の最内縁に列在する長い剛毛は明色化し，短い剛毛のみが黒色である点，T3〜T5の前半に生える黒色毛の数が少ない点で区別できる．北海道産ハイイロマルハナバチより全体的に黒色毛が少ない．新鮮な個体ほど黄色味を帯びる．

地域変異：T2〜T5の黒色毛の数はやや個体変異に幅がある．地域変異は認められない．

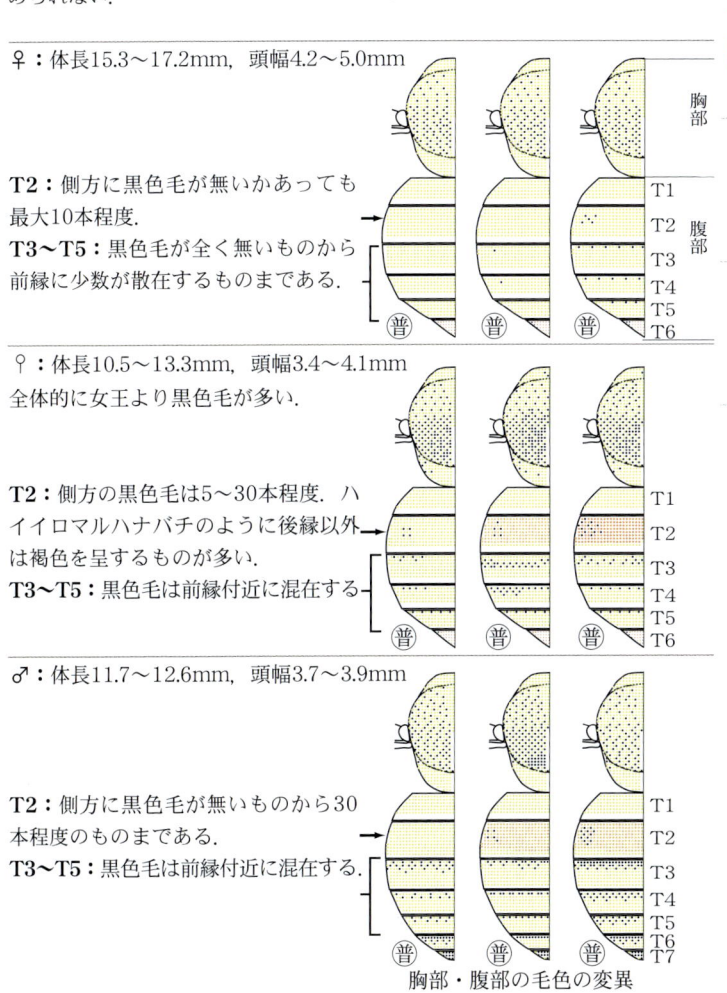

北海道・本州以南

♀：体長15.3〜17.2mm，頭幅4.2〜5.0mm

T2：側方に黒色毛が無いかあっても最大10本程度．

T3〜T5：黒色毛が全く無いものから前縁に少数が散在するものまである．

♀：体長10.5〜13.3mm，頭幅3.4〜4.1mm
全体的に女王より黒色毛が多い．

T2：側方の黒色毛は5〜30本程度．ハイイロマルハナバチのように後縁以外は褐色を呈するものが多い．

T3〜T5：黒色毛は前縁付近に混在する．

♂：体長11.7〜12.6mm，頭幅3.7〜3.9mm

T2：側方に黒色毛が無いものから30本程度のものまである．

T3〜T5：黒色毛は前縁付近に混在する．

胸部・腹部の毛色の変異

凡例： ○淡黄色毛 ○褐色毛 ●黒色毛

ニッポンヤドリマルハナバチ （ニッポンヤドリマルハナバチ日本亜種）

Bombus (Psithyrus) norvegicus japonicus

分布　本州(本州中部)　/シベリア，中国，モンゴル東部，ヨーロッパ東部

主にみられる場所　山地～亜高山．稀（局地的）
（標高約1000～3000m）

営巣場所　土中（女王はヒメマルハナバチの初期の巣を乗っ取り労働寄生する）

営巣規模　不明

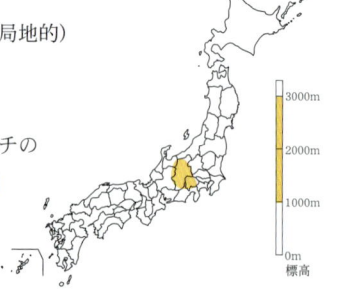

巣外活動の時期

月	1	2	3	4	5	6	7	8	9	10	11	12
♀	■	■	■	■	■					■	■	■
☿												
♂												

■■■：新女王の越冬期間　　：巣外活動時期　色が薄いほど観察頻度は少ない

ニッポンヤドリマルハナバチが訪花する亜高山帯のアザミの仲間の群落
富山県　2010年8月31日

ホストの巣を求めて飛翔する♀
長野県　2011年7月13日

主な訪花植物
♀：サラサドウダン，キイチゴ類，シャクナゲ類，コヨウラクツツジ，ツガザクラ，アオノツガザクラ，アザミ類など．

北海道・本州以南

♀：存在しない．

♂：アザミ類，クガイソウ，ノコンギクなど．

ノコンギクを訪花
富山県　2009年9月1日

ニッポンヤドリマルハナバチ （ニッポンヤドリマルハナバチ日本亜種）

×1.2

女王バチ(♀)

長野県	山梨県	山梨県	岐阜県
29.VI.2011	18.VII.1968	18.VII.1968	7.IX.2011

雄バチ(♂)

長野県	富山県	富山県	富山県	富山県
1.IX.2010	17.IX.2009	17.IX.2009	17.IX.2009	13.IX.2011

特徴：毛色は淡灰黄色で腹端は黒色毛が優先する．毛色で近似する種はない．毛は細く羽毛状毛が少ないため体の輪郭が透けてみえる．♀の後脚脛節外面は黒色毛で完全に覆われ，大顎の先端は下角が前方に突き出る．最終腹板の先端近くの両側に一対の隆起を持つ．♂は後脚脛節が細長く，後脚基付節の毛は長い．一般に新鮮な個体の体毛は鮮黄色だが，日齢の経過とともに灰白色になる．♀はヒメマルハナバチの初期の巣を乗っ取り労働寄生する．♀は存在しない．

北海道・本州以南

地域変異：地域変異は認められない．

♀：体長16.4～18.8mm，頭幅4.5～5.1mm

胸部：淡黄色毛で覆われ中胸背板後半正中周辺と小楯板前半には黒色毛が密集する．
T1：ほぼ淡灰黄色毛で覆われる．
T2：後縁付近を除き黒色毛で覆われる．
T3,T4：淡黄色毛で覆われる．
T5：黒色毛で覆われる．

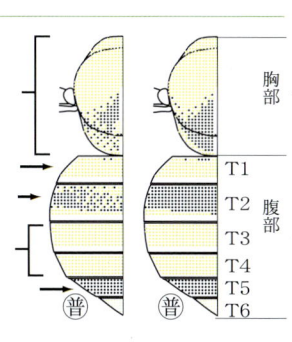

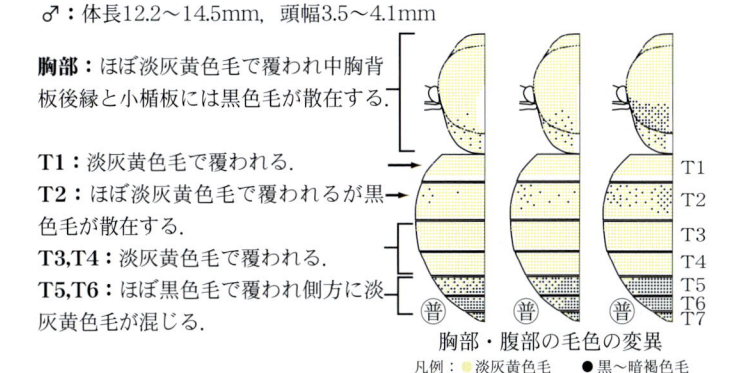

♂：体長12.2～14.5mm，頭幅3.5～4.1mm

胸部：ほぼ淡灰黄色毛で覆われ中胸背板後縁と小楯板には黒色毛が散在する．
T1：淡灰黄色毛で覆われる．
T2：ほぼ淡灰黄色毛で覆われるが黒色毛が散在する．
T3,T4：淡灰黄色毛で覆われる．
T5,T6：ほぼ黒色毛で覆われ側方に淡灰黄色毛が混じる．

胸部・腹部の毛色の変異
凡例：●淡灰黄色毛　●黒～暗褐色毛

コマルハナバチ （コマルハナバチ本州以南亜種）

Bombus (Pyrobombus) ardens ardens

分布 北海道(奥尻島)*，本州，四国，九州，屋久島 /朝鮮半島

*4ページの利用の手引参照

主にみられる場所 山地，山麓，丘陵地の樹林周辺
（平地～標高約2300m）

営巣場所 地表，土中，家屋の壁間など

営巣規模 総繭数200～700

給餌法 花粉ポケットを造らない

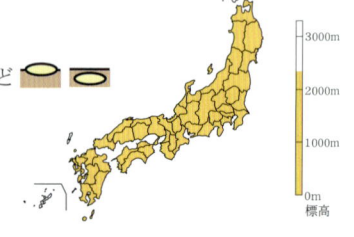

巣外活動の時期

月	1	2	3	4	5	6	7	8	9	10	11	12
♀												
☿												
♂												

：新女王の越冬期間　　：巣外活動時期　色が薄いほど観察頻度は少ない

コマルハナバチが訪花する山麓の合掌造りの集落周辺

岐阜県　2006年5月5日

コマルハナバチ（コマルハナバチ亜属）

主な訪花植物

♀：ヤナギ類，ツツジ類，ケマンソウ類，サクラ類，リンゴ，タンポポ類，シロツメクサ，ウツギ類(タニウツギ属の仲間)，フジ，キイチゴ類，シャクナゲ類，アマドコロ，ヒメイカリソウ，ブルーベリー，ミヤマキケマン，ラベンダー，キャットミントなど．

北海道・本州以南

ブルーベリーを訪花
栃木県　2004年5月2日

♀：タンポポ類，ヒメオドリコソウ，キャットミントなどのシソ科，シロツメクサ，サラサドウダン，シャクナゲ類などツツジ科，アザミ類，ブルーベリー，コンフリー，ルピナス，フジ，キイチゴ類，ノイバラ，エゾノコリンゴ，エゴノキ，ヒメイカリソウ，ケナツノタムラ，ウツギ類，ラベンダーなど．

ツツジを訪花
鹿児島県　2006年4月8日

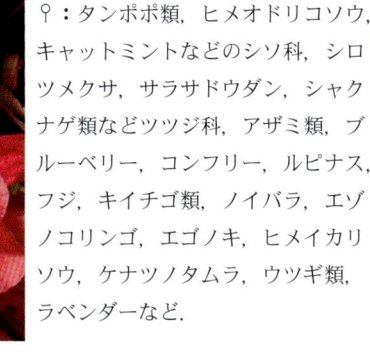

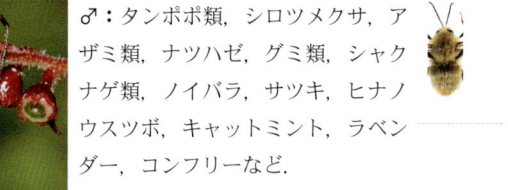

♂：タンポポ類，シロツメクサ，アザミ類，ナツハゼ，グミ類，シャクナゲ類，ノイバラ，サツキ，ヒナノウスツボ，キャットミント，ラベンダー，コンフリーなど．

ナツハゼを訪花
栃木県　2006年6月7日

コマルハナバチ （コマルハナバチ本州以南亜種）

女王バチ(♀) ×1.2

| 長野県 | 長野県 | 長野県 | 長野県 | 長野県 |
| 21.V.2008 | 16.V.2008 | 16.V.2008 | 16.V.2008 | 16.V.2008 |

働きバチ(♀)

| 宮崎県 | 広島県 | 山口県 | 山口県 | 宮崎県 |
| 8.V.2009 | 10.V.2009 | 6.V.2008 | 6.V.2008 | 8.V.2009 |

働きバチ(♀)

| 栃木県 | 栃木県 | 長野県 | 長野県 | 高知県 | 高知県 |
| 20.VI.2008 | 20.VI.2008 | 21.V.2008 | 10.VI.2008 | 4.VI.2008 | 4.VI.2008 |

雄バチ(♂)

| 新潟県 | 長野県 | 長野県 | 山口県 | 高知県 |
| 12.VII.2011 | 28.VI.2010 | 28.VI.2010 | 6.V.2009 | 4.VI.2008 |

コマルハナバチ（コマルハナバチ亜属）

特徴：♀と☿の毛色は黒色主体で，オオマルハナバチやクロマルハナバチに似るが，マーラーエリアおよび下唇はより長く体長は一回り小さい．後脚基付節の幅はより狭く外縁の弧のカーブは緩い点(p115参照)で区別できる．♂はヒメマルハナバチ♂に似るが，本種では後脚基付節基部のカーブが緩い点とT5,T6がより明瞭な橙褐色である点で区別できる．

地域変異：腹部黄色帯については個体変異の幅が大きいが近畿以南の多くの個体は黄色帯を持たない．著者が有する奥尻産個体では9割程度の個体がT1〜T3は黒色で，残りの個体はT2に中央が途切れてぼやけた黄色帯が現れる．

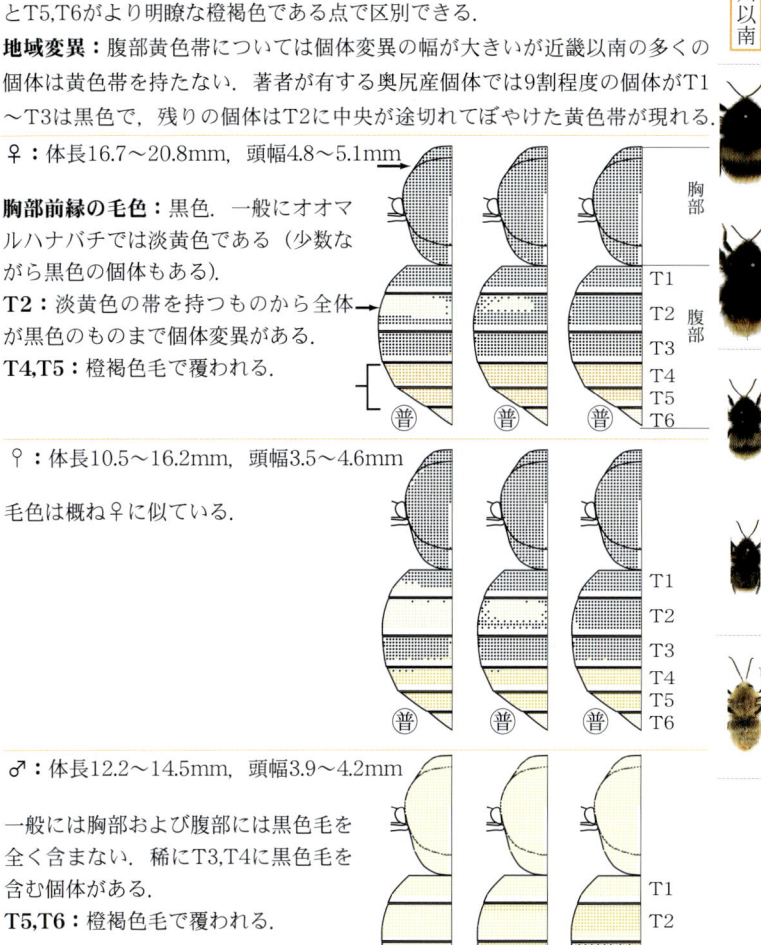

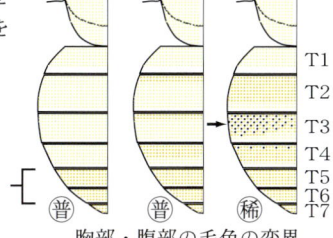

北海道・本州以南

♀：体長16.7〜20.8mm，頭幅4.8〜5.1mm

胸部前縁の毛色：黒色．一般にオオマルハナバチでは淡黄色である（少数ながら黒色の個体もある）．
T2：淡黄色の帯を持つものから全体が黒色のものまで個体変異がある．
T4,T5：橙褐色毛で覆われる．

☿：体長10.5〜16.2mm，頭幅3.5〜4.6mm

毛色は概ね♀に似ている．

♂：体長12.2〜14.5mm，頭幅3.9〜4.2mm

一般には胸部および腹部には黒色毛を全く含まない．稀にT3,T4に黒色毛を含む個体がある．
T5,T6：橙褐色毛で覆われる．

胸部・腹部の毛色の変異

凡例：●橙褐色毛　●淡橙褐色毛　●淡黄色毛　●鮮黄色　●黒色毛

エゾコマルハナバチ （コマルハナバチ北海道亜種）

Bombus (Pyrobombus) ardens sakagamii

分布 北海道（奥尻島を除く），国後

主にみられる場所 山地，山麓，丘陵地の樹林周辺
（平地～標高約1000m）

営巣場所 地表，土中，家屋の壁間
営巣規模 総繭数100～200
給餌法 花粉ポケットを造らない

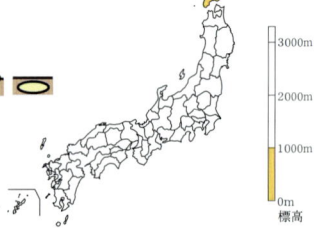

巣外活動の時期

月	1	2	3	4	5	6	7	8	9	10	11	12
♀												
♀												
♂												

：新女王の越冬期間　　：巣外活動時期　色が薄いほど観察頻度は少ない

エゾコマルハナバチやエゾオオマルハナバチ♀が訪花する低山地のエゾヤマザクラ　　　　　　　　　　　　　　北海道札幌市　2010年5月24日

エゾコマルハナバチ（コマルハナバチ亜属）

エゾエンゴサクを訪花
北海道乙部町　2007年4月30日

ルピナスを訪花
北海道夕張市　2007年6月26日

チシマアザミを訪花
北海道札幌市　2011年7月9日

主な訪花植物

♀：ヤナギ類，エゾエンゴサク，エゾヤマザクラなどサクラ類，タンポポ類，シロツメクサ，ヤマツツジ，エゾムラサキツツジ，セイヨウシャクナゲ，コヨウラクツツジ，クロウスゴなどツツジ科，ウコンウツギ，カタクリ，オドリコソウ（主にエゾオオマルハナバチが開けた盗蜜の穴から吸蜜），ハウチワカエデ，アキグミ，ハクサンボウフウ，ムスカリ，キリンソウなど．

♀：タンポポ類，シロツメクサ，ヤナギラン，アザミ類，コンフリー，ルピナス，サラサドウダン，サルナシ，ナガボノシロワレモコウ，キイチゴ類，エゴノキ，オドリコソウ（主にエゾオオマルハナバチが開けた盗蜜の穴から吸蜜），シャクナゲ類，ハマナス，ラベンダーなど．各種の花でエゾオオマルハナバチ♀が開けた盗蜜穴を利用するケースがしばしばみられる．

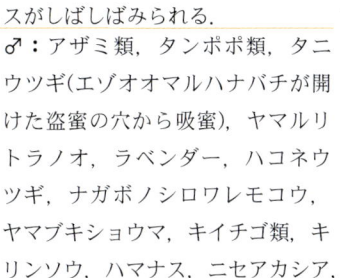

♂：アザミ類，タンポポ類，タニウツギ（エゾオオマルハナバチが開けた盗蜜の穴から吸蜜），ヤマルリトラノオ，ラベンダー，ハコネウツギ，ナガボノシロワレモコウ，ヤマブキショウマ，キイチゴ類，キリンソウ，ハマナス，ニセアカシア，ギボウシ，オオハナウドなどセリ科など．各種の花でエゾオオマルハナバチ♀が開けた盗蜜穴を利用して吸蜜するケースがしばしばみられる．

北海道・本州以南

エゾコマルハナバチ（コマルハナバチ北海道亜種）

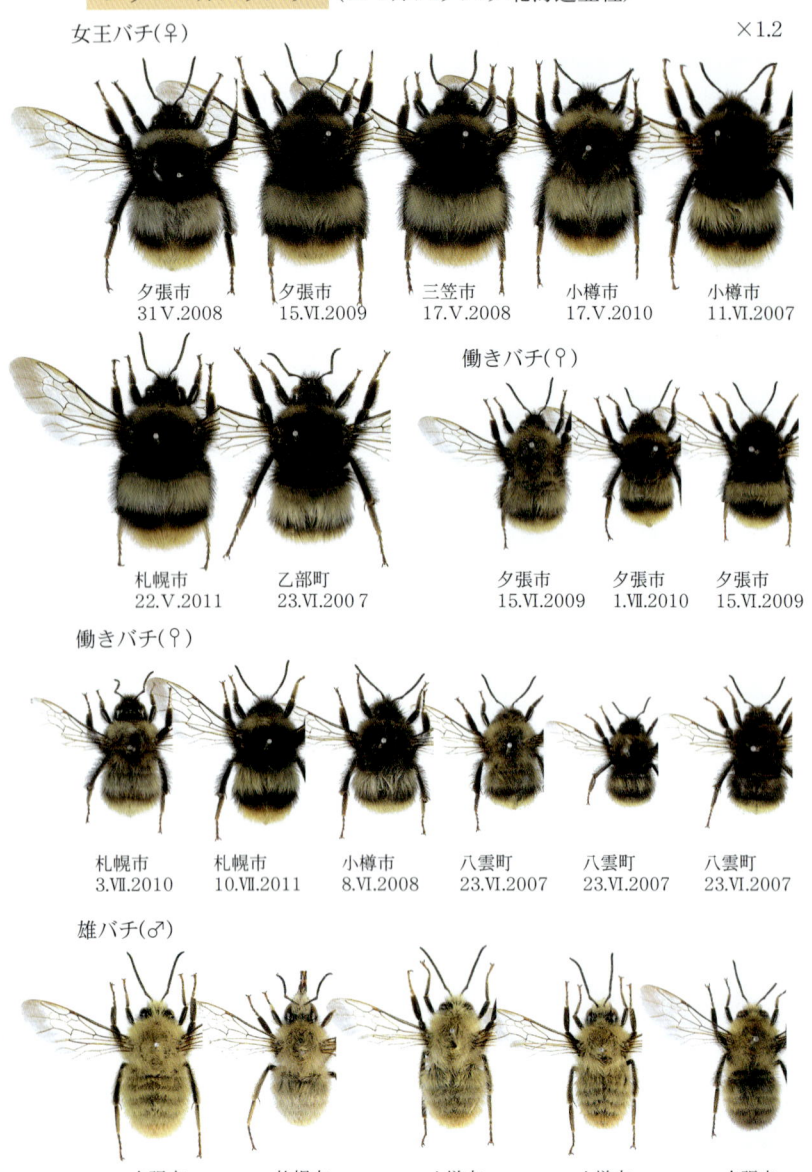

女王バチ(♀)　　　　　　　　　　　　　　　　　　　　　　×1.2

夕張市
31.V.2008

夕張市
15.VI.2009

三笠市
17.V.2008

小樽市
17.V.2010

小樽市
11.VI.2007

札幌市
22.V.2011

乙部町
23.VI.2007

働きバチ(♀)

夕張市
15.VI.2009

夕張市
1.VII.2010

夕張市
15.VI.2009

働きバチ(♀)

札幌市
3.VII.2010

札幌市
10.VII.2011

小樽市
8.VI.2008

八雲町
23.VI.2007

八雲町
23.VI.2007

八雲町
23.VI.2007

雄バチ(♂)

夕張市
5.VII.2010

札幌市
12.VI.2003

小樽市
8.VI.2008

小樽市
8.VI.2008

夕張市
2.VII.2010

エゾコマルハナバチ（コマルハナバチ亜属）

特徴：♀と♀は胸部と腹部に淡黄色毛帯を持ち，エゾオオマルハナバチやアイヌヒメマルハナバチに似る．エゾオオマルハナバチよりマーラーエリアと下唇は長く，体長は一回り小さい．腹部の毛は一般により立っているためふっくらしてみえることが多い．また♀の胸部前縁の淡黄色帯はより暗色である個体が多い．アイヌヒメマルハナバチ♀はT1に黒色毛が全く無い点で本種と異なる．♀と♂の毛色と体長は比較的安定しているが，♀の毛色と体長は個体変異が大きい．

北海道・本州以南

地域変異：道南産の♀は胸部前縁の黄色帯が暗色となる比率がやや高い．

♀：体長15.2〜20.7mm，頭幅4.3〜5.3mm

エゾオオマルハナバチよりやや小型でT2,T3の毛はより立っている．

胸部前縁の毛色：暗黄色．一般にエゾオオマルハナバチより暗色であるが明色の個体もある．T4：一般に橙褐色毛で覆われるが，黒色毛が前半を広く覆う個体もみられる．

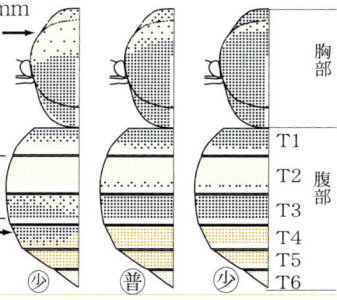

♀：体長9.4〜15.4mm，頭幅3.0〜4.2mm

胸部前縁の毛色：暗黄色〜黒色．エゾオオマルハナバチでは一般に明色．
T1：一般に黒色毛が優先する個体が多いが，淡黄色毛が優先するタイプもある．**T2**：一般にほぼ淡黄色毛で覆われるが，黒化した個体では黒色毛を優先する．
T3：ほぼ黒色毛で覆われる．

♂：体長10.8〜15.0mm，頭幅3.4〜4.3mm

一般に胸部および腹部には黒色毛を全く含まない．

T5,T6：赤橙色毛で覆われる．アイヌヒメマルハナバチでは赤橙色毛はより淡い色で目立たず黒色毛が混じる．ただし，極めて稀に本種でも黒色毛が優先する個体がある．両種は後脚基付節の形状で区別できる(p113参照)

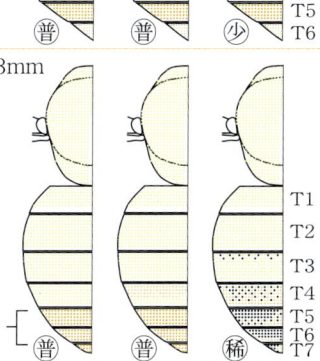

胸部・腹部の毛色の変異

凡例：●橙褐色毛　●淡橙褐色毛　・淡黄色毛　・鮮黄色毛　●黒色毛

ツシマコマルハナバチ （コマルハナバチ対馬亜種）

Bombus (Pyrobombus) ardens tsushimanus

分布　対馬

主にみられる場所　山地、山麓の森林周辺
（海岸部～標高約500m）

営巣場所　土中
営巣規模　総繭数200～500（推定）
給餌法　花粉ポケットを造らない

巣外活動の時期

月	1	2	3	4	5	6	7	8	9	10	11	12
♀	▪	▪	▪				▪	▪	▪	▪	▪	▪
♀				▬	▬	▬						
♂					▬	▬						

▪▪▪▪：新女王の越冬期間　　▬▬▬：巣外活動時期　色が薄いほど観察頻度は少ない

ツシマコマルハナバチ♀が休眠していると推測される韓国展望台周辺
長崎県対馬市　2006年11月1日

主な訪花植物

♀：ツツジ類，キイチゴ類，サクラ類，タンポポ類，シロツメクサ，ウツギ類(タニウツギ属の仲間)，オドリコソウ，ユズ，ミカン，キケマン，フジなど．

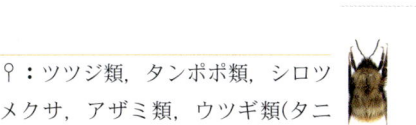

北海道・本州以南

ツツジを訪花
長崎県対馬市　2008年4月22日

♀：ツツジ類，タンポポ類，シロツメクサ，アザミ類，ウツギ類(タニウツギ属の仲間)，コンフリー，ルピナス，オドリコソウ，サカキ，クリ，キイチゴ類，エゴノキ，キウイフルーツ，ヤマイバラ，ピラカンサ，キケマン，フジなど．

エゴノキを訪花
長崎県対馬市　2005年5月20日

♂：シロツメクサ，アザミ類，ツツジ科，サカキ，クリ，オカトラノオなど．

アザミの仲間を訪花
長崎県対馬市　2005年6月20日

ツシマコマルハナバチ （コマルハナバチ対馬亜種）

×1.2

女王バチ(♀)

長崎県対馬市
22.IV.2008

長崎県対馬市
22.IV.2008

長崎県対馬市
21.IV.2008

長崎県対馬市
21.IV.2008

働きバチ(♀)

長崎県対馬市
19.V.2009

長崎県対馬市
19.V.2009

長崎県対馬市
21.IV.2008

長崎県対馬市
22.IV.2008

長崎県対馬市
22.IV.2008

長崎県対馬市
20.V.2005

雄バチ(♂)

長崎県対馬市
20.V.2005

長崎県対馬市
17.VI.2005

長崎県対馬市
20.V.2005

長崎県対馬市
17.VI.2005

ツシマコマルハナバチ（コマルハナバチ亜属）

特徴：コマルハナバチの対馬産亜種で対馬の特産亜種．♀や♀では本州以南産よりも顕著に明色で淡黄色毛が主体である．胸部およびT1,T3に黒色毛が混じるが黒色毛の多少は個体により様々である．♂では本州産と顕著な違いは認められない．
地域変異：地域変異は認められない．

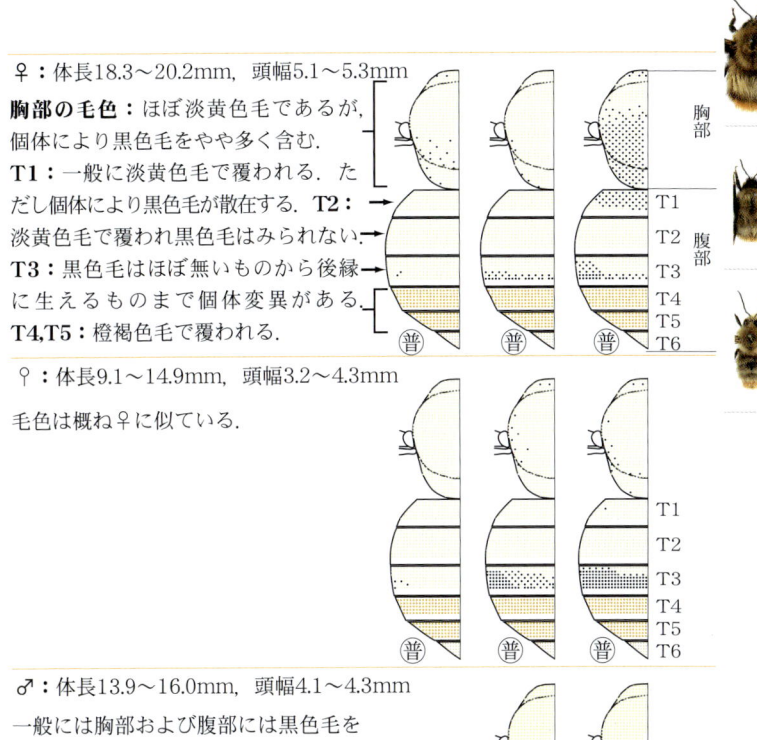

北海道・本州以南

♀：体長18.3〜20.2mm，頭幅5.1〜5.3mm
胸部の毛色：ほぼ淡黄色毛であるが，個体により黒色毛をやや多く含む．
T1：一般に淡黄色毛で覆われる．ただし個体により黒色毛が散在する．**T2**：淡黄色毛で覆われ黒色毛はみられない．
T3：黒色毛はほぼ無いものから後縁に生えるものまで個体変異がある．
T4,T5：橙褐色毛で覆われる．

♀：体長9.1〜14.9mm，頭幅3.2〜4.3mm
毛色は概ね♀に似ている．

♂：体長13.9〜16.0mm，頭幅4.1〜4.3mm
一般には胸部および腹部には黒色毛を全く含まない．
T2〜T4：一般に淡黄色毛で覆われるが，個体によっては各節後縁の淡黄色毛を除いて淡橙褐色となり縞模様を呈することがある．
T5,T6：橙褐色毛で覆われる．

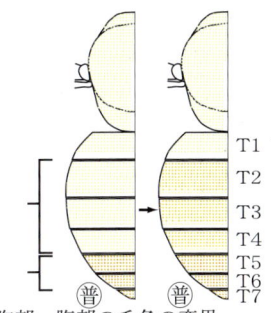

胸部・腹部の毛色の変異
凡例：● 橙褐色毛　● 淡橙褐色毛　淡黄色毛　鮮黄色毛　● 黒色毛

ヒメマルハナバチ（ヒメマルハナバチ本州亜種）

Bombus (Pyrobombus) beaticola beaticola

分布　本州

主にみられる場所　山地，亜高山帯から高山帯のお花畑，亜高山帯の森林内およびその周辺
（標高約600〜3000m）

営巣場所　土中，樹洞
営巣規模　総繭数50〜300
給餌法　花粉ポケットを造らない

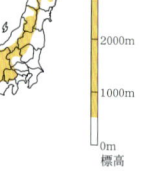

巣外活動の時期

月	1	2	3	4	5	6	7	8	9	10	11	12
♀												
♀												
♂												

▪▪▪▪：新女王の越冬期間　　　　：活動時期　色が薄いほど観察頻度は少ない

ヒメマルハナバチが訪花する山地のアザミ類

秋田県　2009年8月25日

ヒメマルハナバチ（コマルハナバチ亜属）

主な訪花植物

♀：キイチゴ類，サラサドウダン，コヨウラクツツジ，シャクナゲ類などツツジ科，サクラ類，ウツギ類(タニウツギ属の仲間)，アザミ類，リンドウ類，トリカブト類，ツガザクラ，アオノツガザクラ，イワヒゲ，クロマメノキ，ウルップソウなど．

サラサドウダンを訪花
埼玉県　2008年6月1日

♀：キイチゴ類，サラサドウダン，ホツツジ，シャクナゲ類などツツジ科，ウツギ類，シロツメクサ，アカツメクサ，アザミ類，タニウツギ，トリカブト類，ハギ類，リンドウ類，マメグミ，コウシンヤマハッカ，ウツボグサ，ハクサンコザクラ，シロバナトウチクソウ，ウド，ツガザクラ，アオノツガザクラ，イワヒゲ，クロマメノキなど．

タニウツギを訪花
長野県　2005年7月7日

♂：シロツメクサ，キイチゴ類，アザミ類，コウシンヤマハッカ，ウド，タラノキ，ヌルデ，トリカブト類，ハギ類，リンドウ類など．

アザミの仲間を訪花
長野県　2005年9月7日

北海道・本州以南

ヒメマルハナバチ（ヒメマルハナバチ本州亜種）

×1.2

女王バチ(♀)

群馬県	長野県	長野県	岐阜県	富山県
17.IX.2010	28.V.2008	12.VI.2008	7.IX.2011	18.IX.2010

働きバチ(♀)

秋田県	秋田県	岩手県	山梨県	山梨県	長野県
25.VIII.2009	25.VIII.2009	25.VIII.2009	8.IX.2009	8.IX.2009	5.IX.2009

雄バチ(♂)

群馬県	山梨県	長野県	富山県	岐阜県
22.VIII.2010	8.IX.2009	19.VIII.2010	27.VIII.2004	7.IX.2011

ヒメマルハナバチ（コマルハナバチ亜属）

特徴：♀はオオマルハナバチやコマルハナバチに似るがより小型でT1に黒色毛がない点で区別できる．また♂はコマルハナバチに似るが本種ではT4～T6に多少なりとも黒色毛がみられる点やコマルハナバチではT5,T6が鮮明な橙褐色である点で区別できる．一般にヒメマルハナバチ♀は北海道産アイヌヒメマルハナバチ♀より胸部前縁の淡黄色毛帯の幅がより広いが，稀にアイヌヒメマルハナバチに酷似して区別がつかない個体もみられる．♀および♂では北海道産と顕著な違いは認められない．

地域変異：地域変異は認められない．

北海道・本州以南

♀：体長14.4～16.7mm，頭幅4.2～4.7mm

胸部：中胸背板後半は黒色毛で覆われる．

T1：黒色毛はない．これは本種の特徴で，コマルハナバチやオオマルハナバチの♀では多少なりとも黒色毛がみられる．

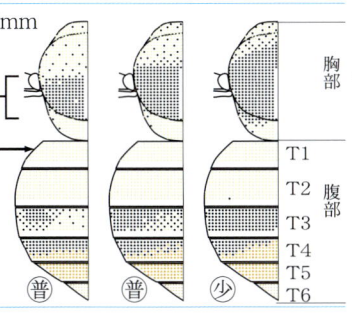

♀：体長9.0～13.3mm，頭幅3.1～4.0mm

胸部：中胸背板後半に黒色毛帯を生じる個体と生じない個体がある．

T1,T2：黒色毛は全くない．

T3,T4：全て淡黄色毛のものから後縁の淡黄色毛を除き黒色毛で覆われるものまで変異がある．

♂：体長11.4～12.5mm，頭幅3.4～3.9mm

体毛は鮮黄色主体の個体から淡黄褐色主体の個体まである．

T5,T6：各節の前縁は黒色毛が生える．コマルハナバチでは黒色毛を全く含まない．また明色部の毛色はコマルハナバチでは鮮明な橙褐色であるのに対し，本種では淡い橙褐色で肉眼では橙褐色を帯びているようにはみえない．

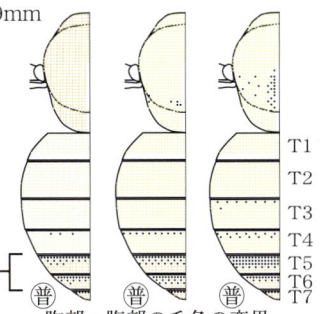

胸部・腹部の毛色の変異

凡例：●橙褐色毛　●淡橙褐色毛　●淡黄色毛　●鮮黄色　●黒色毛

アイヌヒメマルハナバチ （ヒメマルハナバチ北海道亜種）

Bombus (Pyrobombus) beaticola moshkarareppus

分布　北海道，国後

主にみられる場所　山地，亜高山帯の森林およびその周辺．根室・知床半島などでは海岸部にもみられる（海岸部～標高約2200m）

営巣場所　土中，樹洞
営巣規模　総繭数100～300(推定)
給餌法　花粉ポケットを造らない

巣外活動の時期

月	1	2	3	4	5	6	7	8	9	10	11	12
♀												
♀												
♂												

：新女王の越冬期間　　：活動時期　色が薄いほど観察頻度は少ない

アイヌヒメマルハナバチ♀が訪花するコヨウラクツツジの群落
北海道根室市　2010年6月7日

アイヌヒメマルハナバチ（コマルハナバチ亜属）

コヨウラクツツジを訪花
北海道根室市　2010年6月7日

クマイチゴを訪花のため飛翔中
北海道札幌市　200年7月12日

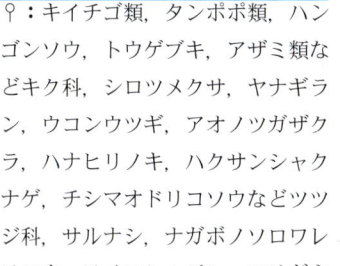

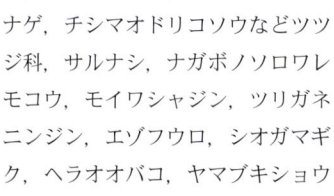

コガネギクを訪花
北海道札幌市　2009年8月22日

主な訪花植物

♀：コヨウラクツツジ，クロウスゴ，イソツツジ，ムラサキヤシオなどツツジ科，エゾエンゴサク，エゾヤマザクラ，チシマザクラなどサクラ類，タンポポ類，ウコンウツギ，エゾヒョウタンボク，ケヨノミ，チシマフウロ，グンナイフウロ，キバナシャクナゲなど．

♀：キイチゴ類，タンポポ類，ハンゴンソウ，トウゲブキ，アザミ類などキク科，シロツメクサ，ヤナギラン，ウコンウツギ，アオノツガザクラ，ハナヒリノキ，ハクサンシャクナゲ，チシマオドリコソウなどツツジ科，サルナシ，ナガボノソロワレモコウ，モイワシャジン，ツリガネニンジン，エゾフウロ，シオガマギク，ヘラオオバコ，ヤマブキショウマ，カエデ類，キリンソウなど．

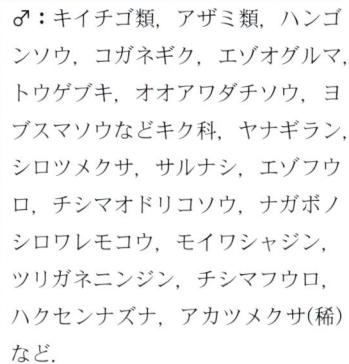

♂：キイチゴ類，アザミ類，ハンゴンソウ，コガネギク，エゾオグルマ，トウゲブキ，オオアワダチソウ，ヨブスマソウなどキク科，ヤナギラン，シロツメクサ，サルナシ，エゾフウロ，チシマオドリコソウ，ナガボノシロワレモコウ，モイワシャジン，ツリガネニンジン，チシマフウロ，ハクセンナズナ，アカツメクサ(稀)など．

北海道・本州以南

アイヌヒメマルハナバチ （ヒメマルハナバチ北海道亜種）

女王バチ(♀)　×1.2

利尻富士町
3.VII.2009

利尻富士町
19.VI.2011

根室市
5.VI.2010

根室市
5.VI.2010

小樽市
6.V.2009

札幌市
7.VI.2003

札幌市
23.VII.2004

働きバチ(♀)

札幌市
14.VII.2008

札幌市
10.VIII.2011

札幌市
3.VII.2010

札幌市
10.VIII.2011

乙部町
23.VI.2007

八雲町
23.VI.2007

雄バチ(♂)

根室市
23.IX.2006

札幌市
2.IX.2008

札幌市
25.VIII.2010

乙部町
12.IX.2007

松前町
13.IX.2007

アイヌヒメマルハナバチ（コマルハナバチ亜属） 79

特徴：♀はエゾオオマルハナバチやエゾコマルハナバチに似るが，本種ではより小型でT1に黒色毛が無い点で区別できる．また♂はエゾコマルハナバチに似るが本種では後脚基付節基部輪郭のカーブが緩い点(p113参照)やエゾコマルハナバチでは一般にT5,T6が鮮明な橙褐色である点で区別できる．

地域変異：顕著な地域変異は認められない．♂の毛色は鮮黄色主体であるが，東部ほど褐色を帯びた個体の比率が高まる．ただし日齢の経過とともに淡色や褐色を帯びていく傾向もある．♀の胸部および腹部の黒色毛の多少には個体変異がある．

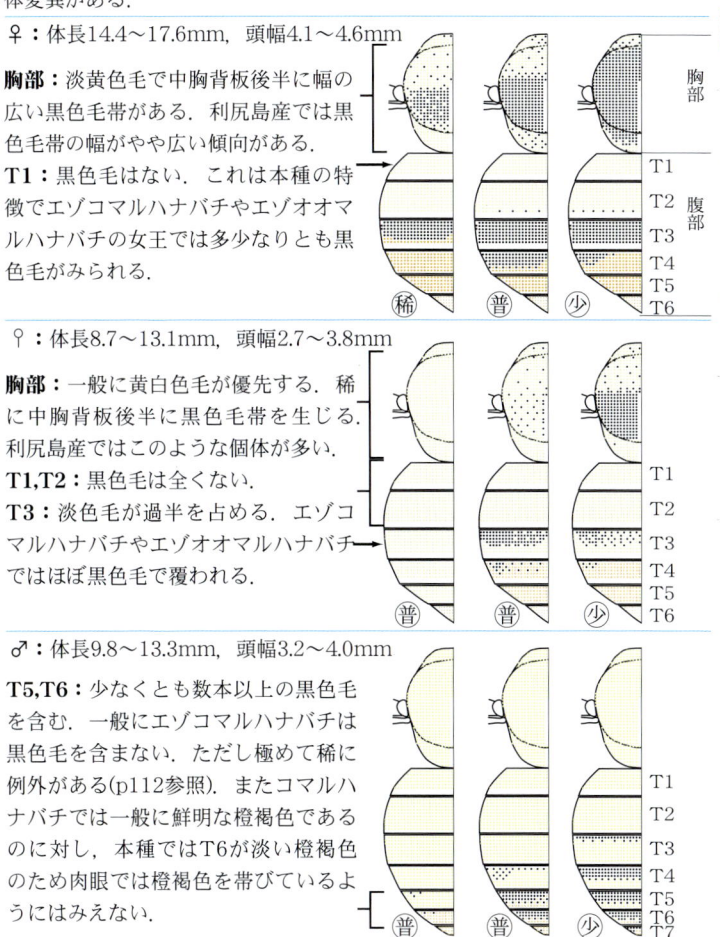

北海道・本州以南

♀：体長14.4〜17.6mm，頭幅4.1〜4.6mm

胸部：淡黄色毛で中胸背板後半に幅の広い黒色毛帯がある．利尻島産では黒色毛帯の幅がやや広い傾向がある．
T1：黒色毛はない．これは本種の特徴でエゾコマルハナバチやエゾオオマルハナバチの女王では多少なりとも黒色毛がみられる．

稀　普　少

胸部
T1
T2 腹部
T3
T4
T5
T6

♀：体長8.7〜13.1mm，頭幅2.7〜3.8mm

胸部：一般に黄白色毛が優先する．稀に中胸背板後半に黒色毛帯を生じる．利尻島産ではこのような個体が多い．
T1,T2：黒色毛は全くない．
T3：淡色毛が過半を占める．エゾコマルハナバチやエゾオオマルハナバチではほぼ黒色毛で覆われる．

普　普　少

T1
T2
T3
T4
T5
T6

♂：体長9.8〜13.3mm，頭幅3.2〜4.0mm

T5,T6：少なくとも数本以上の黒色毛を含む．一般にエゾコマルハナバチは黒色毛を含まない．ただし極めて稀に例外がある(p112参照)．またコマルハナバチでは一般に鮮明な橙褐色であるのに対し，本種ではT6が淡い橙褐色のため肉眼では橙褐色を帯びているようにはみえない．

普　普　少

T1
T2
T3
T4
T5
T6
T7

胸部・腹部の毛色の変異
凡例：●橙褐色毛　●淡橙褐色毛　●淡黄色毛　●鮮黄色〜淡褐色毛　●黒色毛

アカマルハナバチ （アカマルハナバチ北海道亜種）

Bombus (Pyrobombus) hypnorum koropokkrus

分布　北海道，国後 ／サハリン，朝鮮半島，台湾，中国，モンゴル，シベリア，ヨーロッパ北部，ネパール

主にみられる場所　山地の森林周辺
（平地～標高約2000m）

営巣場所　土中，地表
営巣規模　総繭数200～700(推定)
給餌法　花粉ポケットを造らない

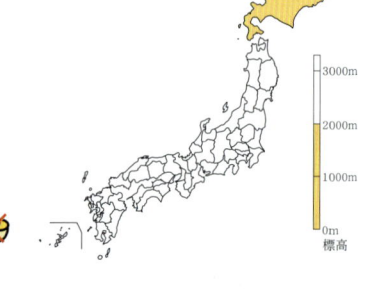

巣外活動の時期

月	1	2	3	4	5	6	7	8	9	10	11	12
♀												
♀												
♂												

：新女王の越冬期間　　：活動時期　色が薄いほど観察頻度は少ない

アカマルハナバチ♀が訪花する湿原のイソツツジ

北海道上川町　2008年6月28日

アカマルハナバチ（コマルハナバチ亜属）

主な訪花植物

♀：エゾエンゴサク，ヤナギ類，コヨウラクツツジ，クロウスゴ，ムラサキヤシオ，ハクサンシャクナゲ，キバナシャクナゲなどツツジ科，サクラ類，ウツギ類(タニウツギ属の仲間)，タンポポ類，アキタブキ，セイヨウヤマガラシ，エゾグンナイフウロ，チシマアザミ，エゾワサビ，ハウチワカエデ，ラベンダー，エゾノコリンゴ，リナリアなど．

♀：サラサドウダン，アオノツガザクラ，イソツツジ，キバナシャクナゲなどツツジ科，ウツギ類，タンポポ類，シロツメクサ，タチオランダゲンゲ，ウツボグサ，ハマナス，コンフリー，コウリンタンポポなどキク科，オドリコソウ，アザミ類，クマイチゴ，キリンソウ，ヤマルリトラノオ，オニシモツケ，セイヨウヤマガラシ，エゾグンナイフウロ，チシマフウロ，セリ科など．

♂：シロツメクサ，ウツボグサなどシソ科，タンポポ類，アザミ類，クマイチゴ，キリンソウ，ヤマルリトラノオ，エゾルリトラノオ，エゾイチゴ，オレガノ，シナノキ，ハクサンシャクナゲ，ヨブスマソウ，アメリカオニアザミ，ニセアカシアなど．

北海道・本州以南

エゾエンゴサクを訪花
北海道石狩市　2007年4月21日

クモを目の前にしてヒメジョオンを訪花
北海道中札内村　2011年7月13日

ウツボグサを訪花
北海道小樽市　2008年7月5日

アカマルハナバチ（コマルハナバチ亜属）

アカマルハナバチ （アカマルハナバチ北海道亜種）

×1.2

女王バチ(♀)

| 豊富町 | 石狩市 | 三笠市 | 三笠市 | 札幌市 |
| 23.V.2010 | 21.IV.2007 | 17.V.2008 | 17.V.2008 | 6.V.2007 |

働きバチ(♀)

| 利尻町 | 稚内市 | 豊富町 | 夕張市 | 小樽市 | 八雲町 |
| 2.VII.2009 | 29.VI.2008 | 21.VI.2008 | 31.V.2008 | 7.V.2008 | 26.VI.2007 |

雄バチ(♂)

| 豊富町 | 夕張市 | 札幌市 | 札幌市 | 小樽市 |
| 21.VI.2008 | 9.VII.2010 | 25.VI.2002 | 5.VII.2004 | 8.VI.2008 |

アカマルハナバチ（コマルハナバチ亜属）

特徴：体の毛色は腹部の先端付近が黒色であるほかは赤褐色で他種と容易に区別できる．体型はずんぐりしている．

地域変異：顕著な地域変異は認められない．一般には同一産地内でも淡赤褐色から暗赤褐色のものまで個体変異がある．ただし♀において稀に単一のコロニーでほぼ全ての個体が暗色(左ページの♀豊富町産標本参照)を示すことがある．また体色は新鮮な個体ほど鮮やかで濃い赤褐色で，日齢の経過とともに色あせて淡色になる傾向がある．

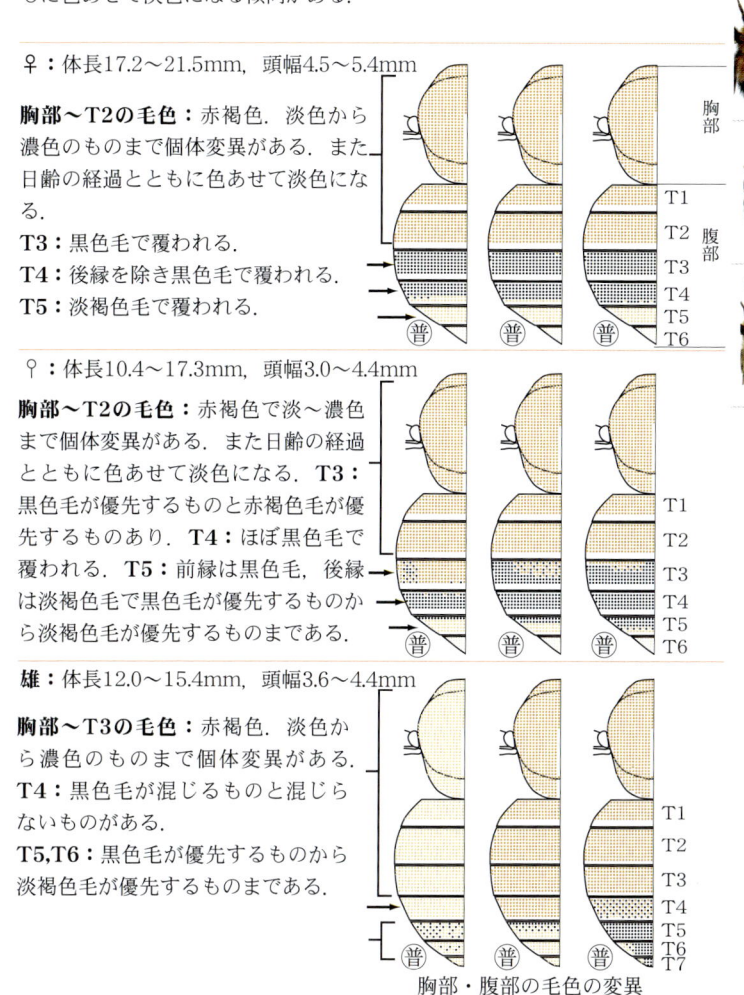

北海道・本州以南

♀：体長17.2〜21.5mm，頭幅4.5〜5.4mm

胸部〜T2の毛色：赤褐色．淡色から濃色のものまで個体変異がある．また日齢の経過とともに色あせて淡色になる．
T3：黒色毛で覆われる．
T4：後縁を除き黒色毛で覆われる．
T5：淡褐色毛で覆われる．

♀：体長10.4〜17.3mm，頭幅3.0〜4.4mm

胸部〜T2の毛色：赤褐色で淡〜濃色まで個体変異がある．また日齢の経過とともに色あせて淡色になる．**T3**：黒色毛が優先するものと赤褐色毛が優先するものあり．**T4**：ほぼ黒色毛で覆われる．**T5**：前縁は黒色毛，後縁は淡褐色毛で黒色毛が優先するものから淡褐色毛が優先するものまである．

雄：体長12.0〜15.4mm，頭幅3.6〜4.4mm

胸部〜T3の毛色：赤褐色．淡色から濃色のものまで個体変異がある．
T4：黒色毛が混じるものと混じらないものがある．
T5,T6：黒色毛が優先するものから淡褐色毛が優先するものまである．

胸部・腹部の毛色の変異
凡例：●赤褐色毛　●淡褐色毛　●黒色毛

オオマルハナバチ　（オオマルハナバチ本州以南亜種）

Bombus (Bombus) hypocrita hypocrita

分布　本州，四国，九州　/サハリン，沿海州，朝鮮半島，中国東北部

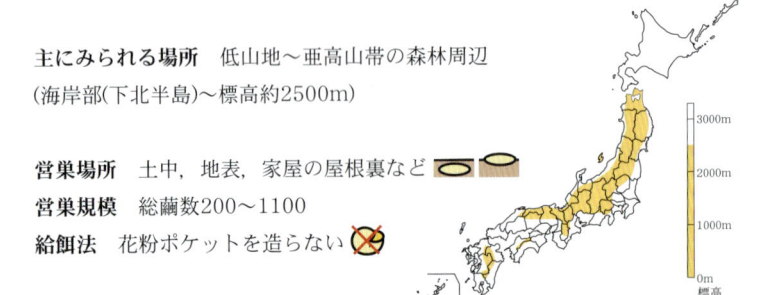

主にみられる場所　低山地〜亜高山帯の森林周辺
(海岸部(下北半島)〜標高約2500m)

営巣場所　土中，地表，家屋の屋根裏など
営巣規模　総繭数200〜1100
給餌法　花粉ポケットを造らない

巣外活動の時期

月	1	2	3	4	5	6	7	8	9	10	11	12
♀	■	■	■	■						■	■	■
☿												
♂												

■■■：新女王の越冬期間　　　　：巣外活動時期　色が薄いほど観察頻度は少ない

オオマルハナバチの南限に近い山地の棚田

宮崎県　2009年5月7日

主な訪花植物

♀:サクラ類,タンポポ類,ツガザクラ,アオノツガザクラ,ブルーベリーなどツツジ科,コンフリー,ウツギ類,フジ,キイチゴ類,ヤナギ類,ズミ,エゾノコリンゴ,グミ類,カエデ類,アブラムシの甘露など.蜜源が花の奥深くにある場合は,大顎で距に穴をあけて盗蜜を行う.

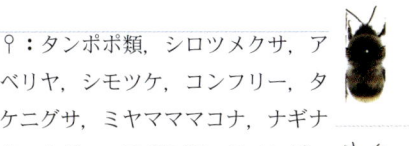

♀:タンポポ類,シロツメクサ,アベリヤ,シモツケ,コンフリー,タケニグサ,ミヤママコナ,ナギナタコウジュ,アザミ類,ラベンダー,センダングサ,イヌエンジュ,ノイバラ,カブイバラ,スイバ,ヤナギラン,イチヤクソウ,シモツケ類,ワレモコウ,シシウド類,ウド,イタドリ類,ショウマ類,ナンテン,タラノキ,ヤマアジサイ,ヤブガラシ,シロバナトウチクソウなど.

♂:アザミ類,ノコンギク,オオアワダチソウ,オオハンゴンソウなどキク科,カメバヒキオコシ,シシウド類,ウド,シモツケ類,イタドリ類,ショウマ類,タラノキ,ソバ,クガイソウ,シオガマギク,トラノオ,ヒマワリ,コスモスなど.

北海道・本州以南

初期巣で抱卵中
長野県 2008年6月1日

シロバナトウチクソウで回転集粉中
秋田県 2009年8月25日

サラシナショウマを訪花
長野県 2005年8月9日

オオマルハナバチ （オオマルハナバチ本州以南亜種）

×1.2

女王バチ(♀)

埼玉県 4.IX.2009 / 埼玉県 4.IX.2009 / 長野県 15.V.2008 / 宮崎県 8.V.2009 / 宮崎県 8.V.2009

働きバチ(♀)

青森県 24.VIII.2009 / 青森県 24.VIII.2009 / 秋田県 25.VIII.2009 / 群馬県 22.VII.2009 / 新潟県 12.VII.2011

長野県 18.VIII.2010 / 長野県 18.VIII.2010 / 長野県 18.VIII.2010 / 長野県 21.VIII.2010 / 愛媛県 22.VII.2009

雄バチ(♂)

山梨県 7.IX.2009 / 山梨県 8.IX.2009 / 長野県 7.IX.2009 / 山梨県 8.IX.2009 / 山梨県 8.IX.2009

オオマルハナバチ（オオマルハナバチ亜属）

特徴：♀と♀は黒色毛主体で腹部に淡黄色帯を持つ．コマルハナバチに似るが本種はマラーエリアと下唇は顕著に短く，後脚基付節の幅はより広く，一般に胸部前縁に淡黄色～暗褐色の帯を持つ．ただし，この帯は不明瞭なことがあるので注意が必要である．♂はクロマルハナバチに似るが，クロマルハナバチでは顔面の触角より下方に黒色毛をほとんど含まず，T4に黒色毛はみられない点で区別できる．また，クロマルハナバチ各カーストのT5,T6の橙褐色毛は濃く鮮明で一般に橙褐色の面積は広い．

地域変異：西日本の♀はT2の淡黄色毛帯の幅が細くなる傾向がみられる.

北海道・本州以南

♀：体長19.9～22.5mm，頭幅5.4～5.9mm

胸部前縁の毛色：一般に淡黄色の帯を持つ．ただし黒色毛が優先し肉眼ではわかりづらい個体もある．コマルハナバチでは淡黄色毛の帯を持たない．
T3：黒色毛で覆われる．
T4：橙褐色で黒色毛は混じらない．

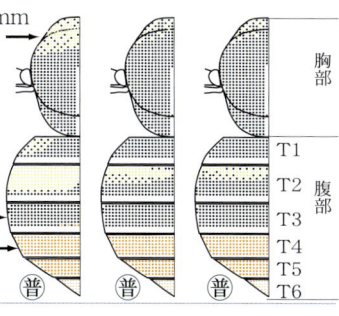

♀：体長12.6～16.8mm，頭幅3.9～4.9mm

胸部前縁の毛色：一般に淡黄色の帯を持つ．コマルハナバチは淡黄色の帯を持たない．
T1：一般に淡黄色毛で覆われ，黒色毛はあっても少数．
T2：一般に淡褐色を呈することが多い．
T3：ほぼ黒色毛で覆われる．

♂：体長15.1～18.7mm，頭幅4.4～5.0mm

胸部の毛色：中胸背板後半に黒色毛が優先する．
T1：淡黄色毛．時に黒色毛を散在する．
T2：淡黄色～淡褐色毛．時に黒色毛を散在する．
T4：一般に黒色毛で覆われるが，時にほぼ橙褐色毛で覆われる個体もある．

胸部・腹部の毛色の変異

凡例：●橙褐色毛　●淡褐色毛　●淡黄色毛　●黒色毛

エゾオオマルハナバチ 　（オオマルハナバチ北海道亜種）

Bombus (Bombus) hypocrita sapporoensis

分布　北海道, 国後

主にみられる場所　海岸部～高山帯
(海岸部～標高約2200m)

営巣場所　土中, 地表, 家屋の屋根裏など
営巣規模　総繭数200～500
給餌法　花粉ポケットを造らない

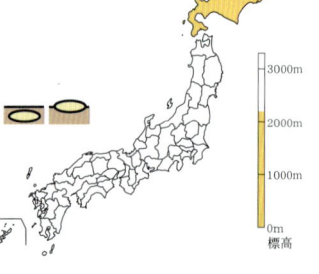

巣外活動の時期

月	1	2	3	4	5	6	7	8	9	10	11	12

■■■：新女王の越冬期間　　　：巣外活動時期　色が薄いほど観察頻度は少ない

エゾオオマルハナバチの女王が訪花する高山のミネズオウの群落

北海道大雪山　2008年6月24日

エゾエンゴサクの距から盗蜜中
北海道小樽市　2007年4月30日

ルピナスを訪花
北海道夕張市　2008年6月12日

ナガバキタアザミを訪花
北海道標茶町　2011年8月27日

主な訪花植物

♀：エゾエンゴサク(主に盗蜜)，サクラ類，ヤナギ類，タンポポ類，アキタブキ，キバナシャクナゲ，コヨウラクツツジ，ミネズオウ，ムラサキヤシオなどツツジ科，セイヨウヤマガラシ，オドリコソウ(盗蜜)，タニウツギ(盗蜜)，ウコンウツギ，シロツメクサ，アカツメクサ(盗蜜)，スミレ類，ハウチワカエデなど．蜜源が花の奥深くにある場合は，大顎で距に穴をあけて盗蜜を行う．

♀：タンポポ類，シロツメクサ，ルピナス，シナガワハギ，コンフリー，ミヤマママコナ，アザミ類，ミミコウモリ，エゾオグルマ，コガネギク，シオガマギクなどキク科，オオイタドリ，ヤブガラシ，サラシナショウマ，ナガボノシロワレモコウ，チングルマ，キイチゴ類，シモツケ類，ハマナスなどバラ科，キバナシャクナゲなどツツジ科，ラベンダーなどシソ科，エゾアジサイ，イケマなど．

♂：オオアワダチソウ，タンポポ類，エゾオグルマ，オオハンゴンソウ，ハンゴンソウ，ミミコウモリ，アザミ類，エゾノコンギク，オオアワダチソウ，エゾゴマナなどキク科，シロツメクサ，エゾヤマハギ，ナガボノシロワレモコウ，サラシナショウマ，ソバ，シナノキ，オオイタドリ，ヨツバヒヨドリなど．

北海道・本州以南

エゾオオマルハナバチ （オオマルハナバチ北海道亜種）

×1.2

女王バチ(♀)

根室市	日高町	夕張市	小樽市	奥尻町
5.VI.2010	4.VII.2007	31.V.2008	29.IV.2009	25.IV.2007

働きバチ(♀)

別海町	夕張市	三笠市	札幌市	札幌市	知内町
18.VIII.2007	31.V.2008	17.V.2008	5.VI.2003	18.VII.2007	24.VI.2007

雄バチ(♂)

札幌市	札幌市	札幌市	札幌市	札幌市
4.VII.2002	25.VIII.2007	25.VIII.2007	25.VIII.2007	25.VIII.2007

エゾオオマルハナバチ（オオマルハナバチ亜属）

特徴：♀と♀は胸部と腹部に淡黄色毛帯を持ち，エゾコマルハナバチやアイヌヒメマルハナバチに似るがマーラーエリアと下唇は顕著に短く，後脚基付節の幅はより広い．また本種はやや大型で，胸部前縁付近の黄白色帯の色はエゾコマルハナバチより明色であることが多い．♂では本種は大型である点と一般に胸部および腹部に黒色毛帯を持つ(例外がある)点で区別できる．

地域変異：顕著な地域変異は認められない．♀ではT2の毛色が褐色を帯びない個体もしばしばみられる．稀にコロニー単位でT2が褐色を帯びない(左ページの♀夕張市産標本写真参照)ことがある．

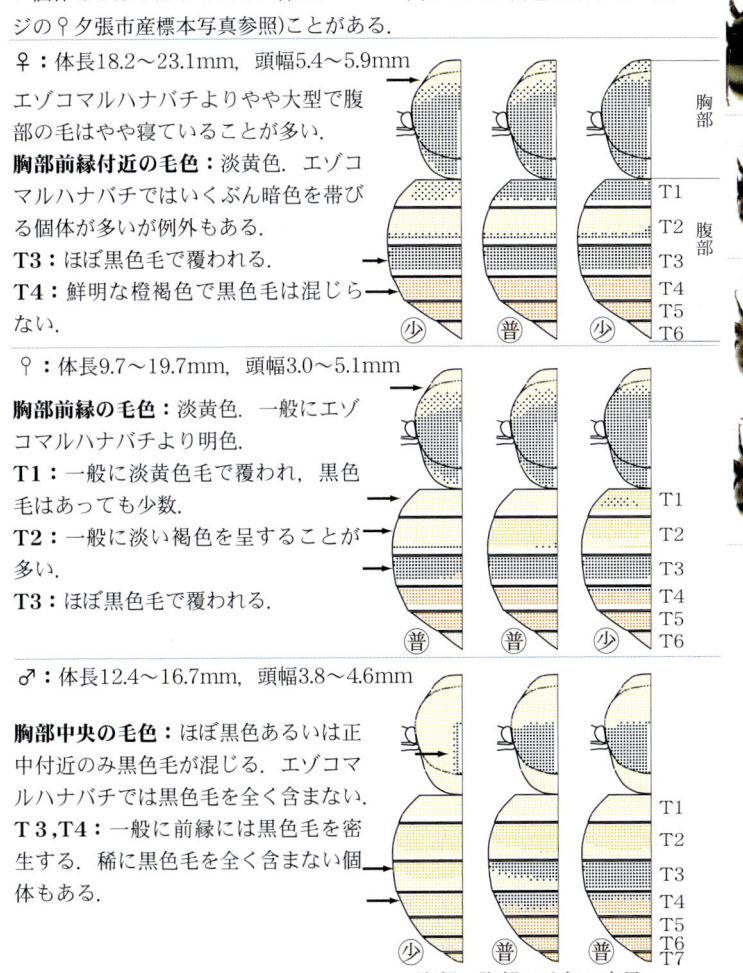

北海道・本州以南

♀：体長18.2～23.1mm，頭幅5.4～5.9mm
エゾコマルハナバチよりやや大型で腹部の毛はやや寝ていることが多い．
胸部前縁付近の毛色：淡黄色．エゾコマルハナバチではいくぶん暗色を帯びる個体が多いが例外もある．
T3：ほぼ黒色毛で覆われる．
T4：鮮明な橙褐色で黒色毛は混じらない．

♀：体長9.7～19.7mm，頭幅3.0～5.1mm
胸部前縁の毛色：淡黄色．一般にエゾコマルハナバチより明色．
T1：一般に淡黄色毛で覆われ，黒色毛はあっても少数．
T2：一般に淡い褐色を呈することが多い．
T3：ほぼ黒色毛で覆われる．

♂：体長12.4～16.7mm，頭幅3.8～4.6mm
胸部中央の毛色：ほぼ黒色あるいは正中付近のみ黒色毛が混じる．エゾコマルハナバチでは黒色毛を全く含まない．
T3,T4：一般に前縁には黒色毛を密生する．稀に黒色毛を全く含まない個体もある．

胸部・腹部の毛色の変異
凡例：●橙褐色毛 ●淡褐色毛 ●淡黄色毛 ●黒色毛

ノサップマルハナバチ

Bombus (Bombus) florilegus

分布 北海道(根室半島周辺), 国後, 色丹, 択捉,
　　　　/ウルップなど千島列島中南部

主にみられる場所 海岸部の草原
(海岸部～標高約30m)

営巣場所 土中
営巣規模 総繭数50～200(推定)
給餌法 花粉ポケットを造らない

巣外活動の時期

月	1	2	3	4	5	6	7	8	9	10	11	12
♀	■	■	■	■	■	■				■	■	■
♀							▬	▬	▬			
♂								▬				

■ ■ ■：新女王の越冬期間　　▬▬▬：巣外活動時期　色が薄いほど観察頻度は少ない

ノサップマルハナバチが訪花する海岸沿いのセンダイハギ
　　　　　　　　　　　　　　北海道根室市　2006年6月25日

主な訪花植物

♀：センダイハギ，チシマザクラ，エゾヤマザクラ，シコタンタンポポなどタンポポ類，イワベンケイ，シロツメクサ，エゾノコリンゴ，ハマエンドウなど．

北海道・本州以南

センダイハギを訪花
北海道根室市　2006年6月24日

♀：ナガボノシロワレモコウ，サラシナショウマ，シオガマギク，アザミ類，タンポポ類，トウゲブキ，ハマナス，クサフジ，シロツメクサ，ルピナス，コンフリー，ハマボウフウ，サワギキョウ，イボタノキなど．

ナガボノシロワレモコウを訪花
北海道別海町　2007年8月18日

♂：ナガボノシロワレモコウ，サラシナショウマ，アザミ類，エゾオグルマ，ハンゴンソウ，シロツメクサなど．

エゾオグルマを訪花
北海道別海町　2006年9月23日

ノサップマルハナバチ

女王バチ(♀)　　　　　　　　　　　　　　　　　　　　　　×1.2

根室市　　　　　別海町　　　　　別海町　　　　　別海町
25.VI.2006　　　18.VIII.2007　　18.VIII.2007　　18.VIII.2007

働きバチ(♀)

根室市　　　　　別海町　　　　　別海町　　　　　別海町　　　　　別海町
23.IX.2006　　　18.VIII.2007　　8.VIII.2007　　 18.VIII.2007　　18.VIII.2007

雄バチ(♂)

根室市　　　　　別海町　　　　　別海町　　　　　別海町　　　　　別海町
23.IX.2006　　　23.IX.2006　　　18.VIII.2007　　18.VIII.2007　　18.VIII.2007

特徴：体の毛色は黒色で胸部前縁と腹部T2に淡黄色の幅広い横帯を持つ．セイヨウオオマルハナバチではこの横帯が暗黄色である点とT5,T6の毛が白色である点で区別できる．

地域変異：北海道内では根室半島と野付半島に生息域を持つが，この2地域間での地域変異は認められない．

北海道・本州以南

♀：体長18.6～21.8mm，頭幅4.9～5.7mm

胸部：前縁には幅広い淡黄色毛帯がある．

T2：後縁は黒色毛，前縁中央には僅かに目立たない黒色毛が生える以外は淡黄色毛で覆われる．

T3～T6：黒色毛で覆われる．

♀：体長11.8～17.3mm，頭幅3.3～4.7mm

毛色は♀とほぼ同様であるが以下の点で異なる．

T5：多少なりとも淡褐灰色の毛が生えるが目視ではわかりにくい．時には過半が淡褐灰色毛で覆われる個体もある．

♂：体長13.3～16.2mm，頭幅4.0～4.8mm

毛色は♀や♀とほぼ同様である．

T3～T7：ほぼ黒色毛で覆われる．
T6に僅かに淡褐灰色毛がみられることがある．

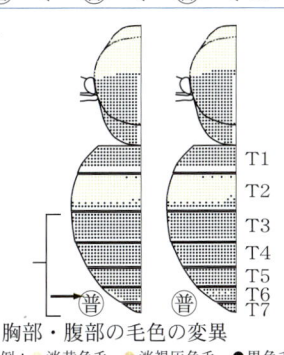

胸部・腹部の毛色の変異
凡例： 淡黄色毛　淡褐灰色毛　●黒色毛

クロマルハナバチ

Bombus (Bombus) ignitus

分布 本州，四国，九州 /朝鮮半島，中国東北～中南部

主にみられる場所 平地から高原まで，近年送粉昆虫として各地に人為分布（海岸部～標高約1700m）

営巣場所 土中
営巣規模 総繭数200～1300
給餌法 花粉ポケットを造らない

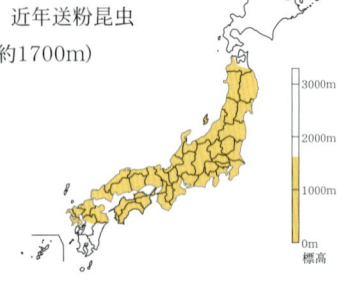

巣外活動の時期

月	1	2	3	4	5	6	7	8	9	10	11	12
♀	■	■	■							■	■	■
♀												
♂												

■■■■：新女王の越冬期間　　　：巣外活動時期　色が薄いほど観察頻度は少ない

クロマルハナバチが生息する里山の棚田

新潟県　2009年8月27日

クロマルハナバチ（オオマルハナバチ亜属）

北海道・本州以南

主な訪花植物

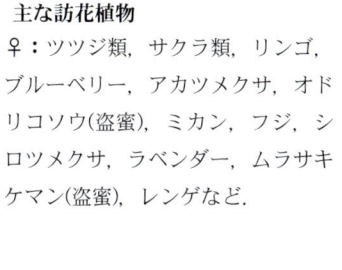

♀：ツツジ類，サクラ類，リンゴ，ブルーベリー，アカツメクサ，オドリコソウ(盗蜜)，ミカン，フジ，シロツメクサ，ラベンダー，ムラサキケマン(盗蜜)，レンゲなど．

アカツメクサの葉上で休息
栃木県　2003年7月11日

♀：アカツメクサ，シロツメクサ，ツツジ類，タンポポ類，アザミ類，クサフジ，アベリヤ，ラベンダー，ムクゲ，ナンテン，タラノキ，アカハナマメ，キャットミント，ビデンス，カボチャ，ネギ，マロー，ヒゴタイ，オオハンゴンソウなど．

ミソハギを訪花
長野県　2005年8月3日

♂：アザミ類，クサフジ，アカツメクサ，シロツメクサ，ウド，タラノキ，アベリヤ，ヌルデ，オオハンゴンソウ，ヒマワリ，コスモスなど．

巣内の♂
長野県　2009年8月19日

クロマルハナバチ

女王バチ(♀) ×1.2

長野県
15.V.2008

長野県
15.V.2008

大分県
7.V.2009

働きバチ(♀)

胸部前縁に橙褐色
毛帯を有する個体

山梨県
7.IX.2009

山梨県
7.IX.2009

長野県
19.VIII.2009

長野県
13.VI.2008

大分県
7.V.2009

雄バチ(♂)

長野県
19.VIII.2009

長野県
19.VIII.2009

長野県
19.VIII.2009

長野県
7.IX.2003

クロマルハナバチ（オオマルハナバチ亜属）

特徴：♀と♀の毛色は黒色主体で黒化タイプのコマルハナバチに似るが，より大型でマラーエリアと下唇は短く，背面の黒色毛は刈り込まれたように短く，またT4, T5の橙褐色毛はより鮮明で一般に橙褐色部の面積は広い．一般に胸部前縁に淡黄色から暗褐色の帯を持たない点でオオマルハナバチと異なる．♂はオオマルハナバチに似るが，本種では顔面の触角より下方は黒色毛をほとんど含まない点とT4に黒色毛がみられない点で異なる．

地域変異：地域変異はみられない．

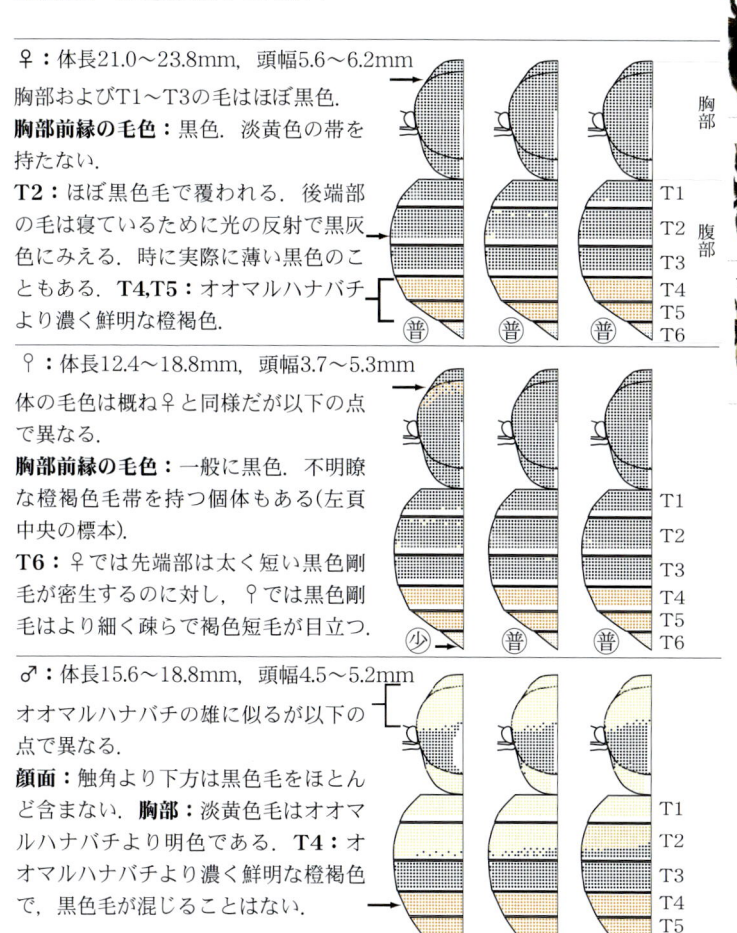

北海道・本州以南

♀：体長21.0〜23.8mm，頭幅5.6〜6.2mm
胸部およびT1〜T3の毛はほぼ黒色．
胸部前縁の毛色：黒色．淡黄色の帯を持たない．
T2：ほぼ黒色毛で覆われる．後端部の毛は寝ているために光の反射で黒灰色にみえる．時に実際に薄い黒色のこともある．**T4, T5**：オオマルハナバチより濃く鮮明な橙褐色．

♀：体長12.4〜18.8mm，頭幅3.7〜5.3mm
体の毛色は概ね♀と同様だが以下の点で異なる．
胸部前縁の毛色：一般に黒色．不明瞭な橙褐色毛帯を持つ個体もある（左頁中央の標本）．
T6：♀では先端部は太く短い黒色剛毛が密生するのに対し，♀では黒色剛毛はより細く疎らで褐色短毛が目立つ．

♂：体長15.6〜18.8mm，頭幅4.5〜5.2mm
オオマルハナバチの雄に似るが以下の点で異なる．
顔面：触角より下方は黒色毛をほとんど含まない．**胸部**：淡黄色毛はオオマルハナバチより明色である．**T4**：オオマルハナバチより濃く鮮明な橙褐色で，黒色毛が混じることはない．

胸部・腹部の毛色の変異

凡例：● 橙褐色毛　● 淡黄色毛　● 黒色毛　→ 黒灰色毛（光の反射で黒灰色にみえる）

セイヨウオオマルハナバチ

Bombus (Bombus) terrestris

分布 /ヨーロッパ，北アフリカ〜中央アジア

　日本では全国的にトマトなどの野菜の受粉用に輸入され，各地で野外に放たれあるいは逃げ出したものが採集されている．北海道では野外に放たれたものが営巣し，繁殖して分布をほぼ道内の全域に広げている．

主にみられる場所　草地，法面(海岸部〜標高約1900m)
営巣場所　地表，土中
営巣規模　総繭数500〜1000
給餌法　花粉ポケットを造らない

巣外活動の時期

月	1	2	3	4	5	6	7	8	9	10	11	12
♀	■	■	■	■						■	■	■
♀												
♂												

■■■■：新女王の越冬期間　　　：巣外活動時期　色が薄いほど観察頻度は少ない

セイヨウオオマルハナバチが訪花する道端のシロツメクサの群落
北海道稚内市　2008年6月29日

セイヨウヤマガラシを訪花
北海道恵庭市　2007年5月21日

トマトを訪花
長野県　2005年7月15日

ユウゼンギクを訪花
北海道江別市　2008年10月4日

主な訪花植物

♀：エゾエンゴサク，カタクリ，サクラ類，ヤナギ類，セイヨウヤマガラシ，タンポポ類，センダイハギ，エゾムラサキツツジ，ドウダンツツジなどツツジ科，シロツメクサ，アカツメクサ，コンフリー，オドリコソウ，ヒマワリ，コスモス，オオアワダチソウ，エゾノコンギク，スグリなど．

北海道・本州以南

♀：シロツメクサ，ルピナス，ムラサキウマゴヤシ，アカツメクサ，シナガワハギ，クサフジなどマメ科，コンフリー，ナガボノシロワレモコウ，キイチゴ類，サクランボ，ハマナス，園芸バラなどバラ科，トマト，ナスなどナス科，メロンなどウリ科，ラベンダー，オレガノなどシソ科，タンポポ類，アザミ類，オオアワダチソウ，エゾノコンギクなどキク科，セイヨウオダマキなど．

♂：オオハンゴンソウ，オオアワダチソウ，エゾノコンギク，ユウゼンギク，コスモス，アザミ類，ヒマワリなどキク科，シロツメクサ，ルピナス，コンフリー，ムラサキウマゴヤシ，シナガワハギなどマメ科，ナガボノシロワレモコウ，ハナトラノオ，リナリアなど．

セイヨウオオマルハナバチ

女王バチ(♀)　　　　　　　　　　　　　　　　　　　　×1.2

日高町	夕張市	恵庭市	新篠津村	小樽市
4.Ⅶ.2007	31.Ⅴ.2008	2.Ⅸ.2007	17.Ⅴ.2008	16.Ⅴ.2008

働きバチ(♀)

別海町	佐呂間町	三笠市	恵庭市	新篠津村	新篠津村
18.Ⅷ.2007	7.Ⅷ.2007	17.Ⅴ.2008	18.Ⅶ.2007	23.Ⅷ.2008	23.Ⅷ.2008

雄バチ(♂)

新篠津村	新篠津村	新篠津村	小樽市	小樽市
23.Ⅷ.2008	23.Ⅷ.2008	23.Ⅷ.2008	21.Ⅸ.2003	1.Ⅹ.2004

セイヨウオオマルハナバチ（オオマルハナバチ亜属）

特徴：毛色は黒色で胸部背面前縁と腹部T2に幅の広い黄色毛帯を持つ．T4,T5は白色毛で覆われる．近似のノサップマルハナバチとはT4,T5が広く白色毛で覆われる点やT2の黄色毛帯の色が暗黄色である点で区別できる．

地域変異：本種はヨーロッパから輸入されたものであり，輸入先の違いにより若干の地域変異がみられる．北海道恵庭市周辺で採集した♀(左ページ恵庭市産♀参照)の個体にはT2の後縁に細い白色毛帯を含む個体が多くみられた．また稀に黄色帯の色が薄い個体や胸部背面前縁の横帯が消失する個体が存在する(横山ほか，2007)．

北海道・本州以南

♀：体長16.8〜23.1mm，頭幅4.9〜5.9mm

胸部：前縁には幅広い黄色毛帯がある．
T2：後縁は黒色毛，前縁の正中付近に僅かに目立たない黒色毛が生える以外は黄色毛で覆われる．
T4：前縁を除き白色毛で覆われる．
T5：全体が白色毛で覆われる．

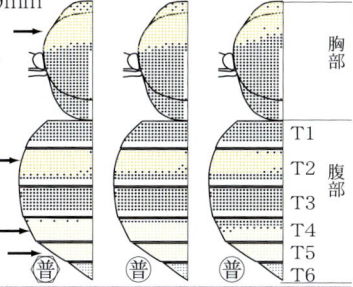

☿：体長11.6〜16.2mm，頭幅3.5〜4.7mm

毛色は♀とほぼ同様であるが以下の点で異なる．
T2：ところによっては後縁端(後縁の黒色毛帯の下)に白毛帯が現れる．
T6：黒色毛は無いかあっても少ない．♀ではほぼ黒色毛で覆われる．

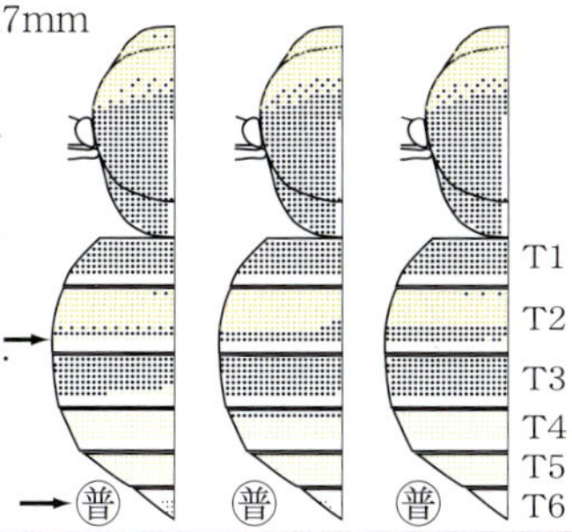

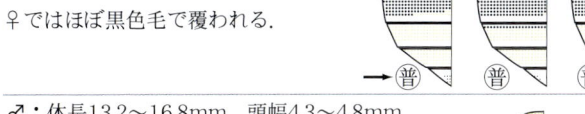

♂：体長13.2〜16.8mm，頭幅4.3〜4.8mm

毛色は♀や☿とほぼ同様である．T4〜T7：ほぼ白色毛で覆われる．

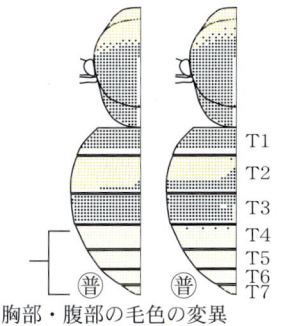

胸部・腹部の毛色の変異
凡例：○白色毛 ○暗黄色毛 ●黒色毛

4. よく似た種との見分け方

北海道産

4-1. エゾトラ・ミヤマ・シュレンク♀♀の違い

エゾトラ♀　　ミヤマ♀　　シュレンク♀

③口器の長さ

エゾトラ♀

ミヤマ・シュレンク♀
シュレンクはミヤマより若干短い

体長の小さな♀では体長あるいは頭部に対する口器の比率で比較する

⑤後脚脛節最外縁の長毛の毛色　　⑥頭楯の形状

最も外側の長毛の毛色

エゾトラ　　ミヤマ・シュレンク

⑨腹部の毛並み

エゾトラ♀　　ミヤマ♀　　シュレンク♀

	エゾトラ♀♀	ミヤマ♀♀	シュレンク♀♀
①分布	北海道のほぼ全域	石狩低地帯以西	石狩低地帯以東
②概観	腹部の横縞模様は明瞭なものが多い．♀では一般に一回り大きく腹部は長め	腹部の横縞模様は一般に不明瞭．胸部側面は褐色を帯びず明るい黄色	腹部の横縞模様は不明瞭なものと明瞭なものがある
③口器の長さ	明らかに長い	エゾトラより短い	エゾトラより短い
④T5後縁の毛色	淡褐色あるいは黒色毛．稀に後縁の両側が淡黄色の場合でも後縁の正中付近は暗色	明瞭な淡黄色	明瞭な淡黄色
⑤後脚脛節最外縁の長毛の毛色	淡褐色あるいは黒色	淡黄色．淡黄色毛が1～2本のみの場合がある．また極めて稀に全て黒色毛の場合もある	淡黄色
⑥頭楯の形状	やや縦長	エゾトラより横長	エゾトラより横長
⑦マーラーエリア	縦に長い 若干の個体変異があり♀では判定が難しい場合がある	やや縦に長い	やや縦に長い
⑧顔面の長毛の毛色	黒色 短い羽毛状毛は淡黄褐色	黒色 短い羽毛状毛は淡黄褐色	黄色主体．時に黒色毛が過半の場合でも触角下の毛は黄色．短い羽毛状毛は淡黄褐色
⑨腹部の毛並み	各節後縁の毛は寝ていて直線的．腹部全体の毛の向きは一様にそろっている	各節後縁の毛は、やや立っていて，腹部全体の毛の向きはそろっていないようにみえる	各節後縁の毛は、やや立っていて，腹部全体の毛の向きはそろっていないようにみえる

＊赤字は非常に高い確率で区別が可能な事項

北海道産

4-2. エゾトラ・ミヤマ・シュレンク♂の違い

④⑧⑨⑩⑪
③
⑥⑦
②⑫
⑧
エゾトラ♂ ⑤
ミヤマ♂
シュレンク♂

③触角鞭節の形状

エゾトラ♂
ミヤマ♂
シュレンク♂

④口器の長さ

エゾトラ♂
ミヤマ♂
一般にシュレンクは
ミヤマより若干短い

⑥後脚脛節外面中央の毛の有無

⑫腹部の毛の状態

エゾトラ♂　　　　ミヤマ♂　　　　シュレンク♂

	エゾトラ♂	ミヤマ♂	シュレンク♂
①分布	北海道のほぼ全域	石狩低地帯以西	石狩低地帯以東
②概観	他2種より一回り大きく腹部は長め．腹部の横縞模様はやや明瞭で先端の2節は黒色が目立つ	胸部側面と腹部の毛は鮮黄色．腹部の横縞模様は不明瞭	腹部の横縞模様は一般に不明瞭だが明瞭な個体もある
③触角鞭節の形状	節の中央は膨らまない	片側の節の中央の膨らみは弱い	片側の節の中央は強く膨らむ
④口器の長さ	明らかに長い	エゾトラより短い	エゾトラより短い
⑤交尾器の形状	p146参照	p146参照	p146参照
⑥後脚脛節外面中央の毛の有無	無毛	有毛で短い黒色剛毛が密に生える	有毛で短い黒色剛毛が密に生える
⑦後脚脛節最外縁の長毛の毛色	淡褐色あるいは黒色	淡黄色．淡黄色毛が1～2本のみの場合がある．また極めて稀に全て黒色毛の場合もある	淡黄色
⑧T4の毛色	全て黒色あるいは後縁のみが黄色	全て黄色あるいは前縁に黒色毛が混じる	全て黄色あるいは前縁が黒色
⑨頭楯の形状	やや縦長	エゾトラより横長	エゾトラより横長
⑩マーラーエリア	顕著に縦に長い	縦に長い	縦に長い
⑪顔面の長毛	黒色主体で触角直上は淡黄色が優勢．羽毛状短毛は淡黄色．体毛の白化が進んでいる個体はしばしば顔面の毛も淡黄色毛が優勢となる	淡黄色主体で外縁は黒色．羽毛状短毛は黄色	黒色主体．羽毛状短毛は淡黄色
⑫腹部の毛の状態	節後縁の毛はやや寝ていて直線的．腹部全体の毛の向きは概ね一様にそろっている	節後縁の毛は，やや立っていて，腹部全体の毛の向きはそろっていないようにみえる	節後縁の毛は，やや立っていて，腹部全体の毛の向きはそろっていないようにみえる

＊赤字は非常に高い確率で区別が可能な事項

北海道産

4-3. ニセハイイロ・ハイイロ♀♀♂の違い

ニセハイイロ♀　　　ハイイロ♀

	ニセハイイロ♀♀♂	ハイイロ♀♀♂
①花粉籠(裸面)周辺の内縁に列在する長い剛毛の色	黒色. ただし黒色長毛が1本のみのこともありハイイロと区別がしづらいことが稀にある	明色化し短い剛毛のみが黒色〜褐色. ただし黒色長毛が生えることもありニセハイイロと区別がしづらいことが稀にある
②T2前半の毛色	淡褐色	褐色
③T2側方の黒色毛の本数	♀：黒色毛はない。稀に1〜2本の黒色毛が生える場合がある ♀：T2の側方前半の黒色毛は一般に0〜10本で最大20本程度 ♂：黒色毛は一般に0〜2本で最大15本程度	♀：20〜100本程度の黒色毛が生える ♀：20〜80本程度の黒色毛が生える ♂：20〜80本程度の黒色毛が生える
④前翅1R1室を囲む翅脈の形状：a／bの比率	1 未満(7〜8割程度の割合で判定が可能)	1以上(7〜8割程度の割合で判定が可能). 図の矢印部の翅脈がハイイロの方がより大きく曲がることが多い
⑤♂の触角鞭節の形状	♂において片側の節の中央は強く膨らむ	♂において片側の節の中央の膨らみは弱い

＊赤字は非常に高い確率で区別が可能な事項

よく似た種との見分け方（ニセハイイロ・ハイイロ）

①花粉籠(裸面)周辺の内縁に列在する長い剛毛の色

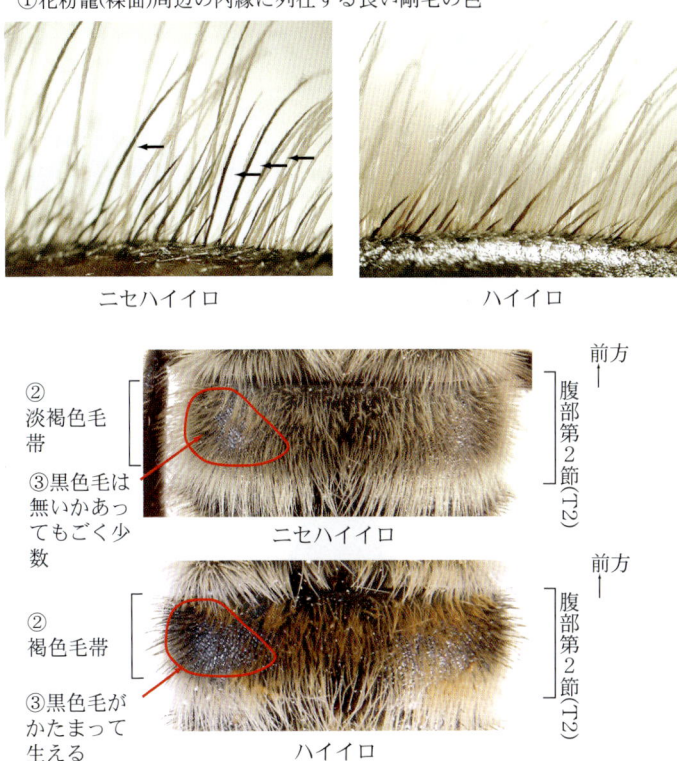

ニセハイイロ　　　　　　　　　ハイイロ

②淡褐色毛帯

③黒色毛は無いかあってもごく少数

ニセハイイロ

前方→

腹部第2節(T2)

②褐色毛帯

③黒色毛がかたまって生える

ハイイロ

前方→

腹部第2節(T2)

④前翅1R1室を囲む翅脈の形状：a／bの比率

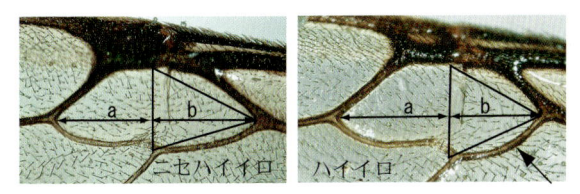

ニセハイイロ　　　　　ハイイロ

⑤♂の触角鞭節の形状

ニセハイイロ♂　　　　　　　　ハイイロ♂

北海道産

4-4. エゾコ・エゾオオ♀♀の違い

エゾコ♀ / エゾオオ♀

エゾコ♀ / エゾコ♀ / エゾオオ♀

③口器の長さ

エゾコ♀

エゾオオ♀

体長の小さな♀では体長あるいは
頭部に対する口器の比率で比較する

④後脚脛節および⑤基付節の形状

エゾコは直線に近い

エゾオオの方がより弓なりになる

エゾコ♀ エゾオオ♀

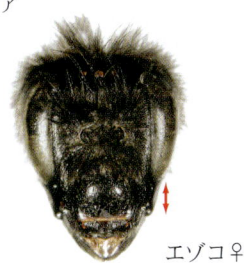

⑥マーラーエリア

エゾコ♀　　　　　　　　エゾオオ♀

	エゾコ♀♀	エゾオオ♀♀
①♀の概観	一般にエゾオオより一回り小さい．腹部の毛はより立っていてふっくらしているようにみえる	一般にエゾコより一回り大きい．腹部の毛はより寝ていて毛がそろっているようにみえることが多い
胸部前縁の毛色	一般には暗色．しばしば明色の個体もある	一般に明色．稀にやや暗色の個体もある
T2の白帯	淡黄色で黄色味はやや薄く，白色味を帯びてみえることもある	淡黄色(クリーム色)
②♀の概観	一般にエゾオオより一回り小さい	一般にエゾコより一回り大きい
胸部前縁の毛色	エゾオオより一般に暗色．淡黄色から黒色まで個体変異がある	エゾコより一般に明色で個体差は少ない
T1の毛色	全て黒色から全て淡黄色まで変異が大きい	ほぼ淡黄色
T2の毛色	一般にほぼ淡黄色で，後縁に疎らに黒色毛が混じる	淡黄色で褐色を呈することが多い．しばしば正中後縁にごく少数の黒色毛が混じる
③口器の長さ	普通	短い
④後脚脛節外面	エゾオオより幅がやや狭い	エゾコより幅が広く，中央はより盛り上がる
⑤後脚基符節の形状	エゾオオより幅が狭く，外縁の弧のカーブは緩い	幅は広く，外縁は弓なりに弧を描く
⑥マーラーエリア	縦が短い	顕著に縦が短い．ただし個体変異があり，しばしばわかりづらいことがある

＊赤字は非常に高い確率で区別が可能な事項

北海道産

4-5. アイヌヒメ♀・エゾオオ♀の違い

アイヌヒメ♀　　エゾオオ♀

	アイヌヒメ♀	エゾオオ♀
①胸部背板の黒色毛帯の下端のライン	横方向に直線的	正中付近で下方に下がる
②T2の毛色	ほぼ淡黄色	淡黄色で褐色を呈することが多い．例外もある
③後脚基符節基部の形状	エゾオオより幅（の比率)は狭く，外縁の弧のカーブは緩い	幅広で外縁は弓なりに弧を描く
④マーラーエリア	縦が短いが，個体変異があり判りづらいことがある	縦が顕著に短い

北海道産

4-6. アイヌヒメ・エゾコ♀の違い

アイヌヒメ♀　　アイヌヒメ♀　　アイヌヒメ♀ (少ない)

エゾコ♀　　エゾコ♀　　エゾコ♀

よく似た種との見分け方（アイヌヒメ・エゾコ♀，アイヌヒメ・エゾコ♂）

①胸部腹面の毛色

アイヌヒメ♀ 　　　　　　　　エゾコ♀

	アイヌヒメ♀	エゾコ♀
①胸部腹面の毛色	ほぼ白色	やや薄い黒色毛が多く混じる
②触角下から頭楯にかけての顔面の毛	毛は一般にやや太く黒色で直立し，毛の先端は直立し曲がらないものが多い	毛は一般にやや細くやや薄い黒色か黒色で，毛の先端はやや曲がるものが多い

北海道産

4-7. アイヌヒメ・エゾコ♂の違い

アイヌヒメ♂　アイヌヒメ♂

①後脚基付節基部の形状

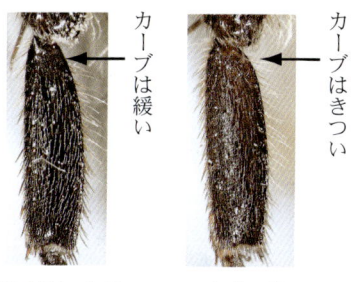

カーブは緩い　　　カーブはきつい

（極めて稀）エゾコ♂　エゾコ♂

アイヌヒメ♂　　　エゾコ♂

	アイヌヒメ♂	エゾコ♂
①後脚基付節基部の形状	カーブは緩い	アイヌヒメ♂よりカーブはきつい
②T6の毛色	淡い橙褐色で肉眼では目立たない	一般に鮮明な橙褐色．極めて稀に黒色毛で覆われることがある
③体長	エゾコ♂よりやや小さい	アイヌヒメ♂よりやや大きい

＊赤字は非常に高い確率で区別が可能な事項

本州以南産

4-8. ナガ・トラ・ウスリー♀♀♂の違い

ナガ♀　　　　　　　　　トラ♀　　　　　　　　　ウスリー♀

	ナガ♀♀♂	トラ♀♀♂	ウスリー♀♀♂
①体の毛色	薄いウグイス色	一般に赤褐色	ウグイス色
②後脚脛節外縁の長毛の毛色	黒色	黒色	褐色．最内縁の短剛毛の少数は黒色
③中胸背板の毛色	♀♀では赤褐色の帯がある．ただし古い個体では不明瞭になることがある	赤褐色の帯がない	赤褐色の帯がない
④T2の毛色	側方に黒色毛がまとまって生える．ただし♂では黒色毛がみられない場合もある	一般に黒色毛は無い．暗色の個体において稀に側方に黒色毛がみられることがある	黒色毛は無い
⑤T3の毛色	一般にほぼ黒色毛．前縁あるいは後縁の一部が淡黄色のことがある	一般に側方に黒色毛がかたまって生える．稀に黒色毛で覆われることがある	前半部は黒色毛で，後半部は淡色毛

＊赤字は非常に高い確率で区別が可能な事項

本州以南産

4-9. コ・オオ♀♀の違い

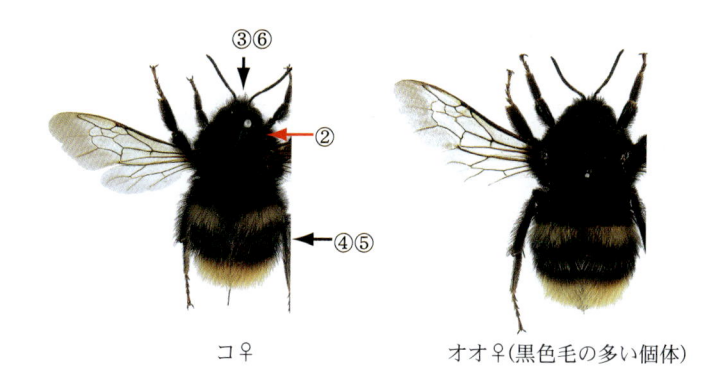

コ♀　　　　　オオ♀(黒色毛の多い個体)

	コ♀♀	オオ♀♀
①大きさ	一般にオオより一回り小さい	一般にコより一回り大きい
②前胸背板の長毛の色	黒色毛で覆われ，白色毛は混じらない	一般に帯状に白色毛が生える．前胸背板が黒くみえる場合でも，短い毛は白色である
③口器の長さ(p106参照)	普通	短い
④後脚脛節外面(p106参照)	オオより幅がやや狭い	コより幅が広く，中央はより盛り上がる
⑤後脚基付節の形状(p106参照)	オオより幅は狭く，外縁の弧のカーブは緩い	幅は広く，外縁は弓なりに弧を描く
⑥マーラーエリア(p107参照)	やや縦が短い	顕著に縦が短い

＊赤字は非常に高い確率で区別が可能な事項

本州以南産
4-10. コ・クロ♀♀の違い

コ♀
(前胸とT2に白帯が表れない黒化した個体)

クロ♀

	コ♀♀	クロ♀♀
①大きさ	一般にクロより小さい	一般にコより大きい
②概観	毛はやや立っていてふっくらした感じ	毛は短く刈られたように整っている
③T2後端部の毛色	T2には淡黄色の帯を持つ個体が多いが，後端部は黒色	光の反射で黒灰色（ビロード色）にみえる
④T4〜T6の毛色	橙褐色	濃く鮮明な橙褐色で，橙褐色部の面積は広い
⑤口器の長さ	普通	短い
⑥後脚基付節の形状	クロより幅は狭く，外縁の弧のカーブは緩い	幅は広く，外縁は弓なりに弧を描く
⑦マーラーエリア	やや縦が短い	顕著に縦が短い

＊赤字は非常に高い確率で区別が可能な事項

本州以南産
4-11. オオ・クロ♂の違い

オオ♂ / クロ♂

	オオ♂	クロ♂
①顔面の毛色	触角より下方の毛は黒色毛が優勢	触角より下方の毛は黒色毛をほとんど含まない
②T2の毛色	一般に後縁以外は褐色を帯び，後縁は淡黄色．T2には淡黄色の帯を持つ個体が多いが，後端部は黒色	一般に褐色を帯びないか，褐色を帯びる場合でもT2全体が弱く褐色を帯びる程度
③T4の毛色	前半は黒色毛で覆われる．しばしば前縁側方に疎らに黒色毛がみられるほかは黄色毛で覆われる個体もある	黒色毛はみられない
④T4〜T6の橙色毛の色	クロほど濃く鮮明ではない	濃く鮮明な橙褐色で，橙褐色部の面積は広い

＊赤字は非常に高い確率で区別が可能な事項

5. 各部位の名称

図5-1. ♀体の側面
body, lateral view

- 触角 antenna
- 複眼 compound eyes
- 前翅 fore wing
- 後翅 hind wing
- 口器 mouth
- 前脚 fore leg
- 中脚 middle leg
- 後脚 hind leg
- 頭部 head
- 胸部 mesosoma
- 腹部 metasoma

図5-2. ♀体の背面
body, dorsal view

- 複眼 compound eyes
- 触角 antenna
- 前脚 fore leg
- 中脚 middle leg
- 前翅 fore wing
- 後翅 hind wing
- 後脚 hind leg
- 頭部 head
- 胸部 mesosoma
- 腹部 metasoma
  - 腹部第1節
  - 腹部第2節
  - 腹部第3節
  - 腹部第4節
  - 腹部第5節
  - 腹部第6節
- 体長（触角の付け根〜腹部末端）

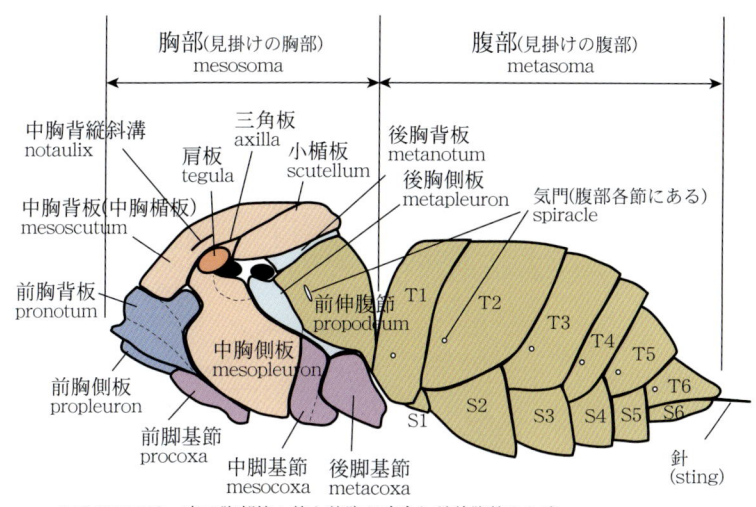

各部位の名称　　　　　　　　　　　　　　　　　　119

胸部(見掛けの胸部) mesosoma ／ 腹部(見掛けの腹部) metasoma

- 中胸背縦斜溝 notaulix
- 三角板 axilla
- 肩板 tegula
- 小楯板 scutellum
- 後胸背板 metanotum
- 後胸側板 metapleuron
- 気門(腹部各節にある) spiracle
- 中胸背板(中胸楯板) mesoscutum
- 前胸背板 pronotum
- 前伸腹節 propodeum
- 中胸側板 mesopleuron
- 前胸側板 propleuron
- 前脚基節 procoxa
- 中脚基節 mesocoxa
- 後脚基節 metacoxa
- T1, T2, T3, T4, T5, T6
- S1, S2, S3, S4, S5, S6
- 針 (sting)

ハチ亜目では，真の腹部第1節と後胸が癒合し前伸腹節をなす．
T(tergum)1＝見掛けの腹部背板第1節　　S(sternum)1＝見掛けの腹部腹板第1節

図5-3. ♀胸部・腹部側面
mesosoma・metasoma, lateral view

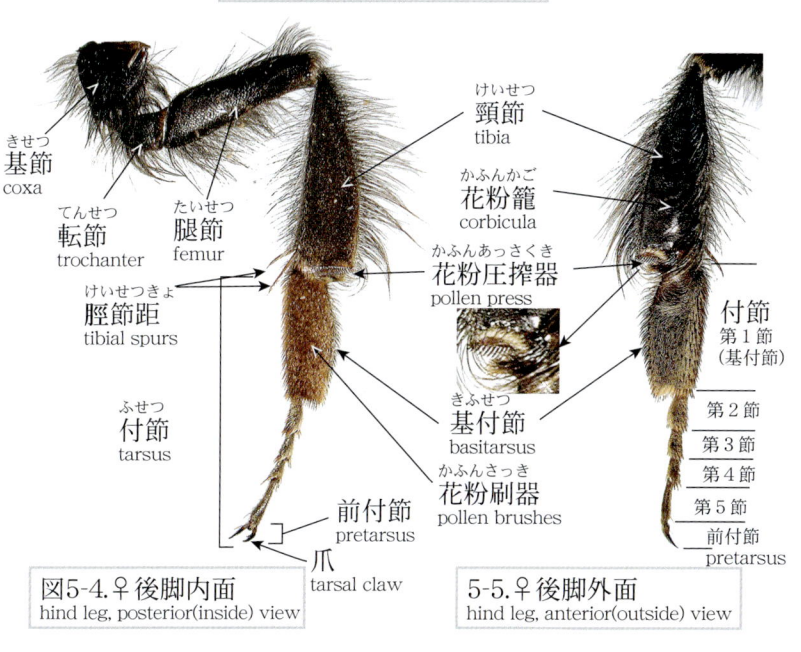

- きせつ 基節 coxa
- てんせつ 転節 trochanter
- たいせつ 腿節 femur
- けいせつきょ 脛節距 tibial spurs
- ふせつ 付節 tarsus
- 前付節 pretarsus
- 爪 tarsal claw
- けいせつ 頸節 tibia
- かふんかご 花粉籠 corbicula
- かふんあっさくき 花粉圧搾器 pollen press
- きふせつ 基付節 basitarsus
- かふんさっき 花粉刷器 pollen brushes
- 付節 第1節(基付節)
- 第2節
- 第3節
- 第4節
- 第5節
- 前付節 pretarsus

図5-4. ♀後脚内面
hind leg, posterior(inside) view

5-5. ♀後脚外面
hind leg, anterior(outside) view

各部位の名称

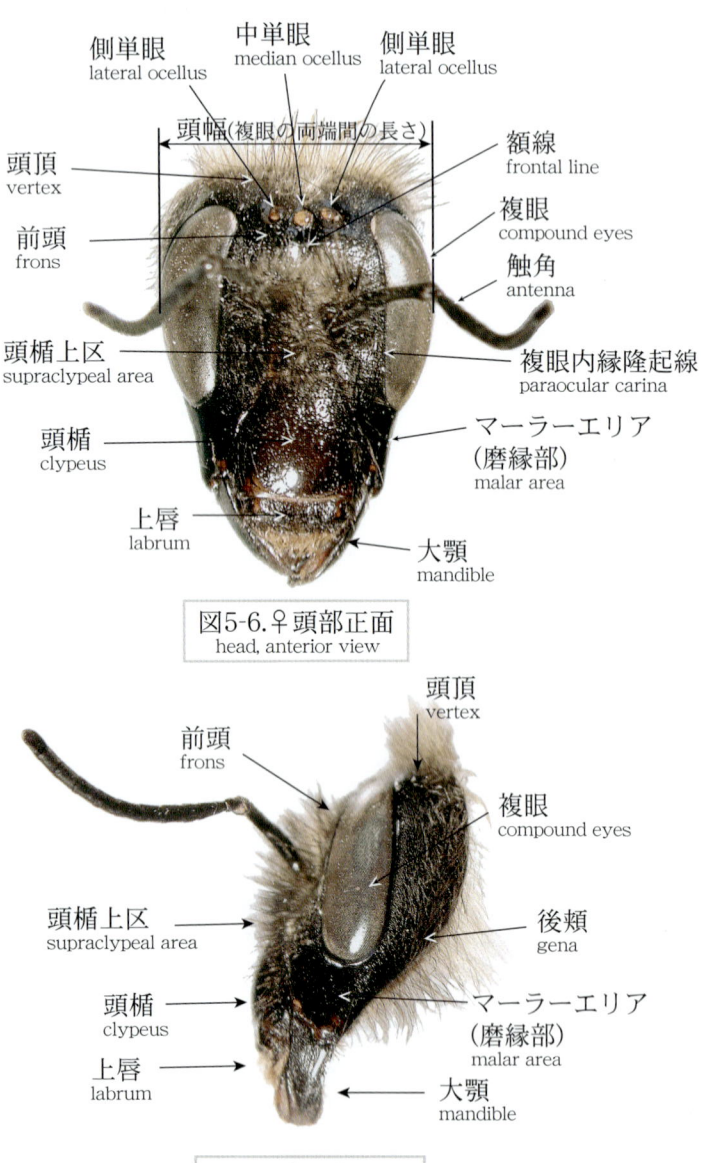

図5-6. ♀頭部正面
head, anterior view

- 側単眼 lateral ocellus
- 中単眼 median ocellus
- 側単眼 lateral ocellus
- 頭幅(複眼の両端間の長さ)
- 額線 frontal line
- 頭頂 vertex
- 複眼 compound eyes
- 前頭 frons
- 触角 antenna
- 頭楯上区 supraclypeal area
- 複眼内縁隆起線 paraocular carina
- 頭楯 clypeus
- マーラーエリア(磨縁部) malar area
- 上唇 labrum
- 大顎 mandible

図5-7. ♀頭部側面
head, lateral view

- 頭頂 vertex
- 前頭 frons
- 複眼 compound eyes
- 頭楯上区 supraclypeal area
- 後頬 gena
- 頭楯 clypeus
- マーラーエリア(磨縁部) malar area
- 上唇 labrum
- 大顎 mandible

鞭節 べんせつ / flagellum
梗節 きょうせつ / pedicel
柄節 へいせつ / scape
触角第1節
触角基節 / radicle

図5-8. ♀触角
antenna

エゾトラマルハナバチ♀　　エゾオオマルハナバチ♀

本書では大顎の付け根の幅を横，大顎の付け根から複眼までの最短距離を縦にした長方形をマーラーエリア(上図の赤の点線)とする．上図のようにエゾトラマルハナバチでは縦長，エゾオオマルハナバチでは横長の長方形となる．

図5-9. ♀マーラーエリア
malar area

図5-10. ♀口器腹面
mouth parts, ventral view

- 軸節 cardo
- 抑制片 lorum
- 蝶口鉸節 stipes
- 下唇後基節 postmentum
- 小顎肢 maxillary palpus
- 下唇前基節 prementum
- 外葉 galea
- 下唇肢 labial palpus
- 側舌 paraglossa
- 中舌 glossa
- 舌弁 flabellum

図5-11. ♀口器背面
mouth parts, dorsal view

- 小顎 maxilla
- 下唇 labium

図5-12. ♀口器側面
mouth parts, lateral view

- 小顎 maxilla
- 外葉 galea
- 蝶口鉸節 stipes
- 軸節 cardo
- 背面側
- 腹面側
- 中舌 glossa
- 下唇肢 labial palpus
- 下唇前基節 prementum
- 下唇 labium

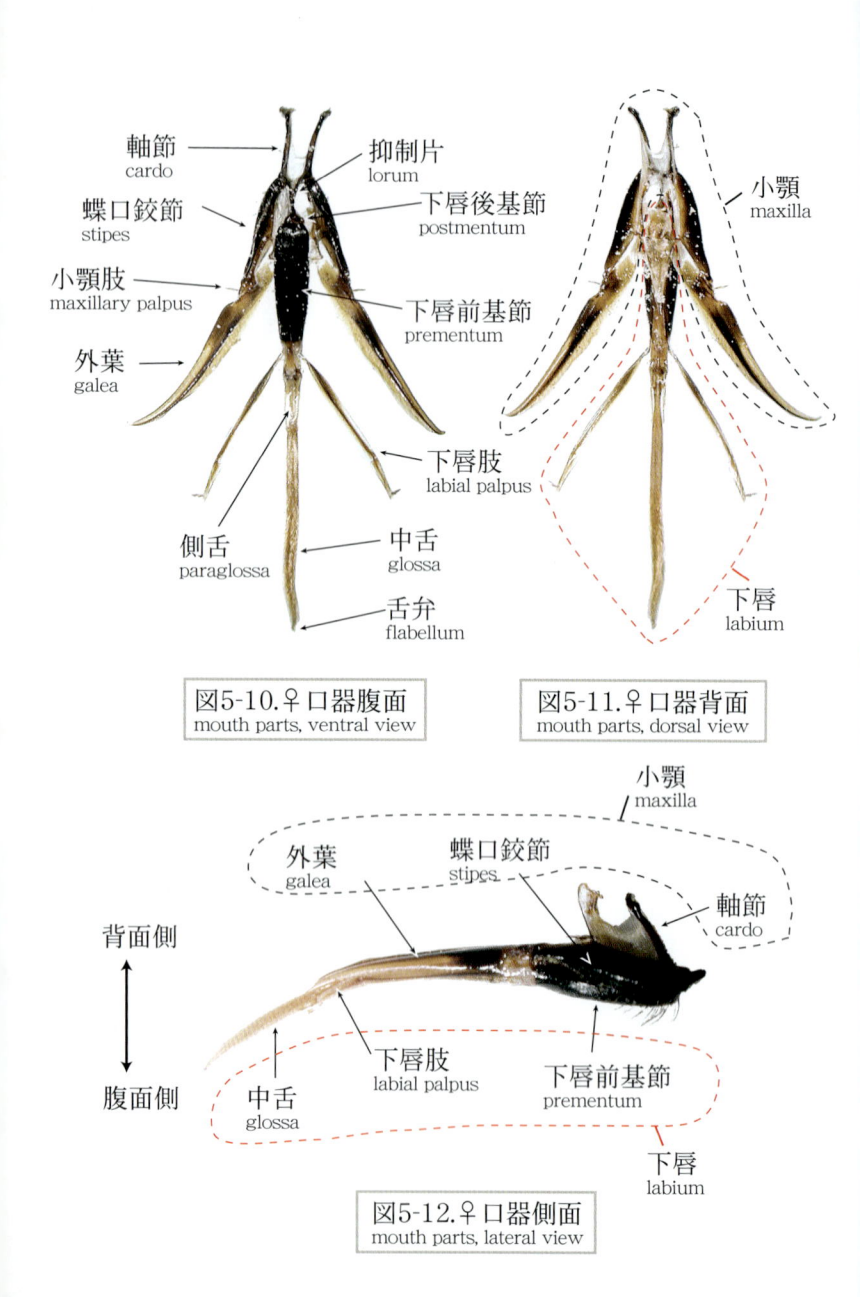

各部位の名称

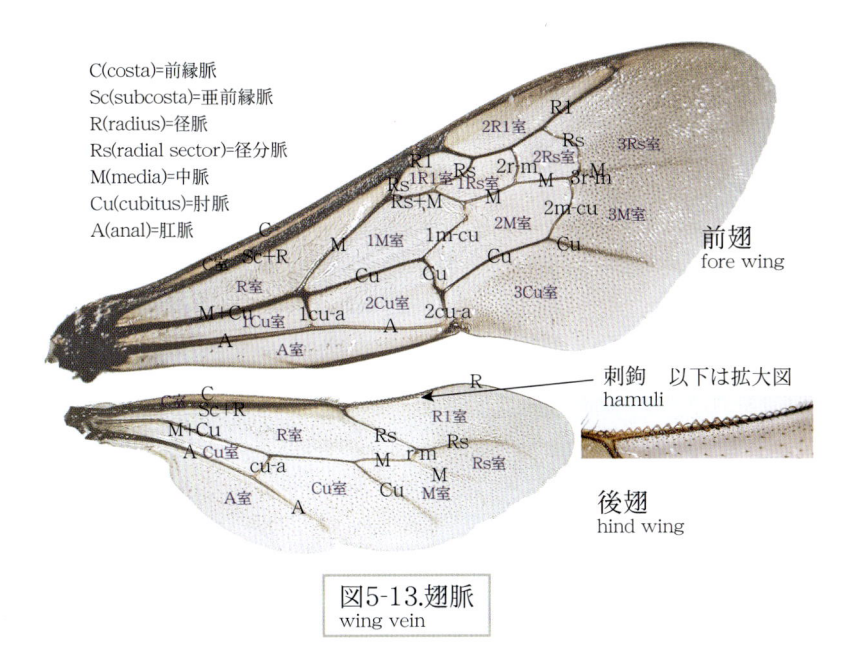

C(costa)=前縁脈
Sc(subcosta)=亜前縁脈
R(radius)=径脈
Rs(radial sector)=径分脈
M(media)=中脈
Cu(cubitus)=肘脈
A(anal)=肛脈

前翅
fore wing

刺鉤　以下は拡大図
hamuli

後翅
hind wing

図5-13. 翅脈
wing vein

枝分かれする側毛が短いタイプの体毛：毛の全長は長いもの(長毛)が多い．

枝分かれする側毛が長いタイプの体毛：毛の全長は短めのもの(短毛)が多く，胸部に多い．翅や脚の筋肉がある胸部を保温する効果があるものと思われる．

胸部の毛は，上記の2つのタイプ(長毛と短毛)の2層構造になっている．

図5-14. 枝毛状の体毛
branched body hair

各部位の名称

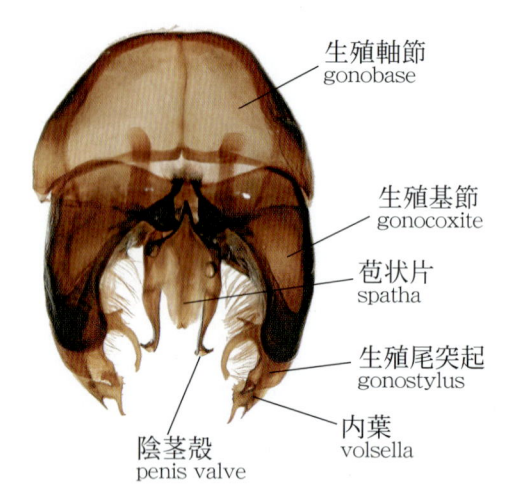

図5-15. ♂交尾器背面
male genitalia, dorsal view

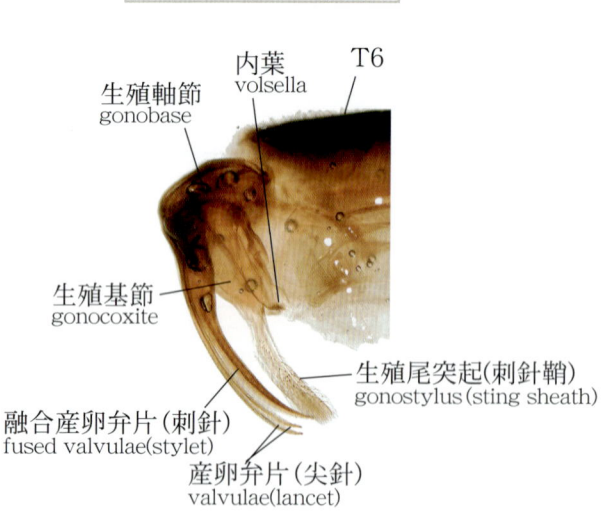

- 生殖軸節 gonobase
- 生殖基節 gonocoxite
- 苞状片 spatha
- 生殖尾突起 gonostylus
- 内葉 volsella
- 陰茎殻 penis valve

図5-16. ♀腹部末端側面
female distal parts of metasoma, lateral view

- 生殖軸節 gonobase
- 内葉 volsella
- T6
- 生殖基節 gonocoxite
- 生殖尾突起（刺針鞘） gonostylus (sting sheath)
- 融合産卵弁片（刺針） fused valvulae (stylet)
- 産卵弁片（尖針） valvulae (lancet)

6. オス(♂)とメス(♀)の見分け方

マルハナバチの仲間は，以下の点で♂と♀(♀は♀と同様)を区別できる．
1．触角の節の数は，♂が13節，♀では12節である．(図6-3，図6-4)
2．腹節の数は，♂が7節，♀では6節である．(図6-5，図6-6)
3．腹部先端は♂では丸く♀では尖る．

図6-1.♂背面
male body, dorsal view

図6-2.♀背面
female body, dorsal view

図6-3.♂触角
male antenna

図6-4.♀触角
female antenna

図6-5.♂腹部背面
male metasoma, dorsal view

図6-6.♀腹部背面
female metasoma, dorsal view

7. 亜属の検索

日本産マルハナバチ亜属の検索：♀♀の場合

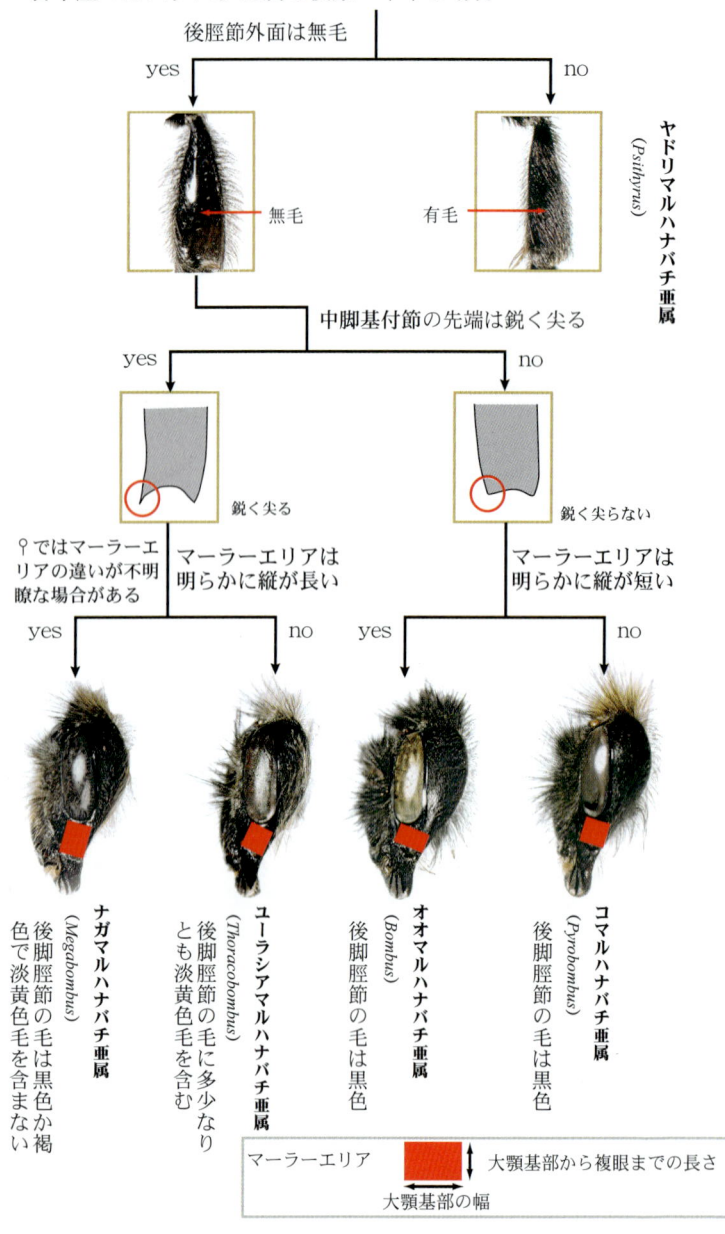

後脛節外面は無毛
- yes → (下へ)
- no → **ヤドリマルハナバチ亜属** (*Psithyrus*) 有毛

(無毛)

中脚基付節の先端は鋭く尖る
- yes → 鋭く尖る
- no → 鋭く尖らない

【鋭く尖る側】
- ♀ではマーラーエリアの違いが不明瞭な場合がある
  - yes → **ナガマルハナバチ亜属** (*Megabombus*) 後脚脛節の毛は黒色か褐色で淡黄色毛を含まない
- マーラーエリアは明らかに縦が長い
  - no → **ユーラシアマルハナバチ亜属** (*Thoracobombus*) 後脚脛節の毛に多少なりとも淡黄色毛を含む

【鋭く尖らない側】
- マーラーエリアは明らかに縦が短い
  - yes → **オオマルハナバチ亜属** (*Bombus*) 後脚脛節の毛は黒色
  - no → **コマルハナバチ亜属** (*Pyrobombus*) 後脚脛節の毛は黒色

マーラーエリア：大顎基部から複眼までの長さ／大顎基部の幅

日本産マルハナバチ亜属の検索：♂の場合

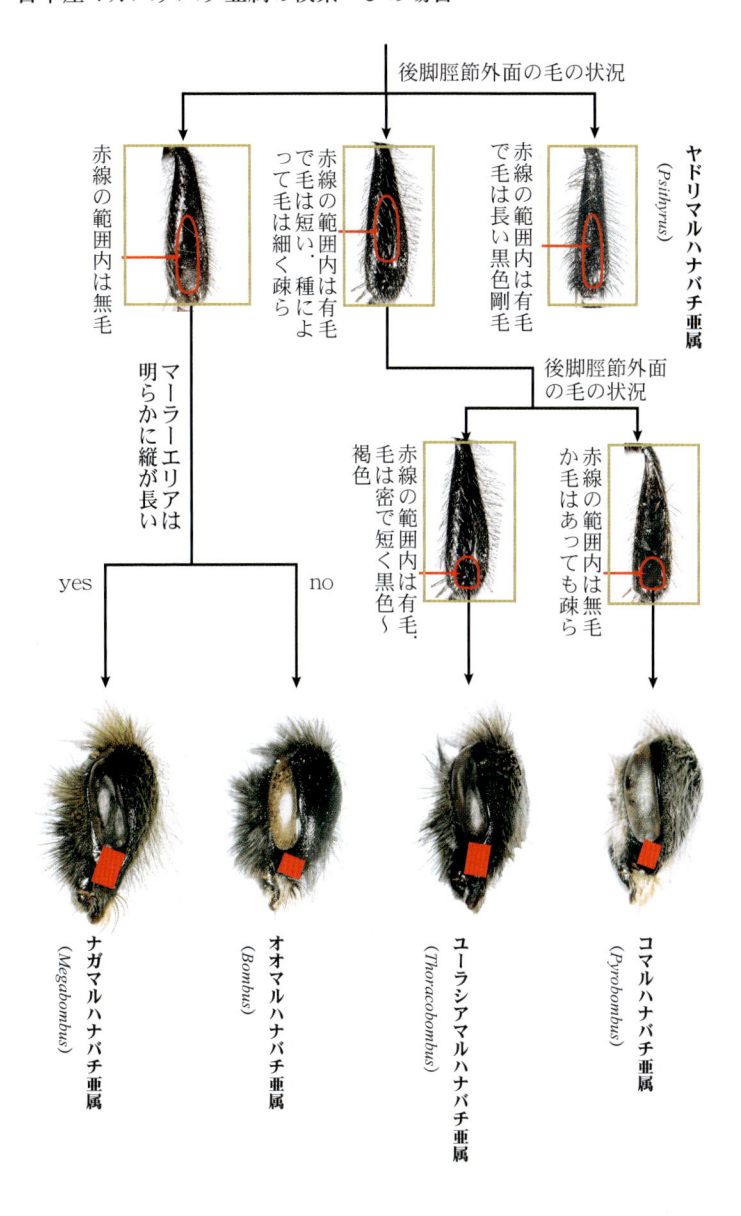

後脚脛節外面の毛の状況

- 赤線の範囲内は無毛
- 赤線の範囲内は有毛で毛は短い・種によって毛は細く疎ら
- 赤線の範囲内は有毛で毛は長い黒色剛毛 → **ヤドリマルハナバチ亜属** (*Psithyrus*)

後脚脛節外面の毛の状況

- 赤線の範囲内は有毛・毛は密で短く黒色〜褐色
- 赤線の範囲内は無毛か毛はあっても疎ら

マーラーエリアは明らかに縦が長い
- yes → **ナガマルハナバチ亜属** (*Megabombus*)
- no → **オオマルハナバチ亜属** (*Bombus*)

ユーラシアマルハナバチ亜属 (*Thoracobombus*)

コマルハナバチ亜属 (*Pyrobombus*)

8. 各部位の形態

8-1. 下唇長，体長，頭幅

　マルハナバチの口器は，図8-1-1のように小顎が変化した軸節，抑制片，蝶鉸節，小顎肢，内葉，外葉および下唇が変化した下唇後基節，下唇前基節，側舌，下唇肢，中舌，舌弁からなる．中舌は下唇肢により腹面側から，また外葉により背面側から取り囲むように保護され(図8-1-3)，吸蜜時にはこの空間が蜜の通り道にもなる(図8-1-7)．普段は側舌の基部が下唇基節側に引き寄せられ，中舌は下唇肢と同程度の長さになり(図8-1-5)，また休止時には小顎は内葉の基部，下唇は下唇肢の基部から腹面側に折れ曲がり頭蓋の凹みに畳まれて収納される(図8-1-2)．このため必然的に口器が長い種は口器の収納場所である頭蓋も長い．

　吸蜜時には側舌基部を前方に押し出して中舌を下唇肢先端より前方に伸ばし(図8-1-4，8-1-6)，より多くの蜜に触れることで吸蜜の効率を高めている．また軸節と抑制片を伸ばすことで，図8-1-8のように下唇基節を大顎より前方に押し出すことができる．食物(蜜)は頭部の咽喉ポンプにより

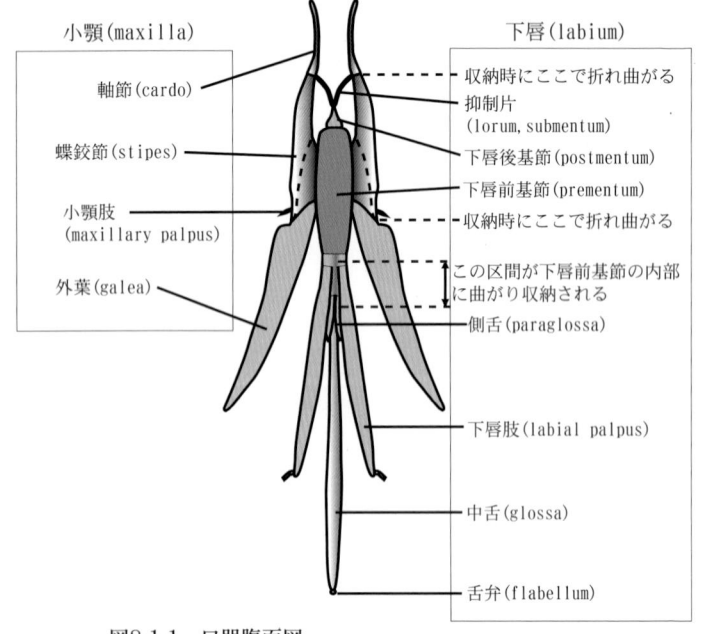

図8-1-1．口器腹面図
(軸節，抑制片，側舌および中舌基部が全て前方に伸びている状態)

各部位の形態（下唇長，体長，頭幅） 129

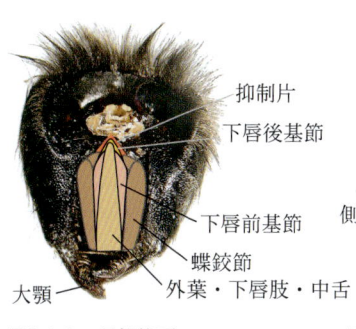

図8-1-2. 頭部後面
口器が頭部後面の凹みに畳まれて収納されている状態

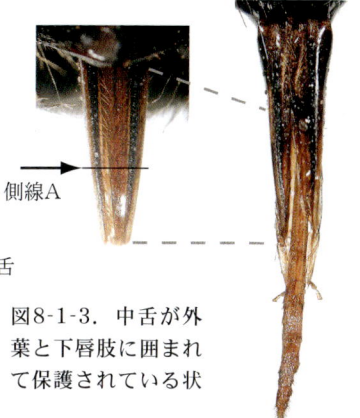

ラベル：抑制片／下唇後基節／下唇前基節／蝶鋏節／外葉・下唇肢・中舌／大顎

図8-1-3. 中舌が外葉と下唇肢に囲まれて保護されている状

ラベル：側線A

図8-1-4. 中舌が外葉より先に出ている状態（吸蜜時の状態）

下唇基節内部から押し出された分の長さ

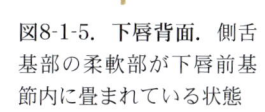

図8-1-5. 下唇背面．側舌基部の柔軟部が下唇前基節内に畳まれている状態

図8-1-6. 下唇背面．中舌基部の柔軟部が伸びた状態

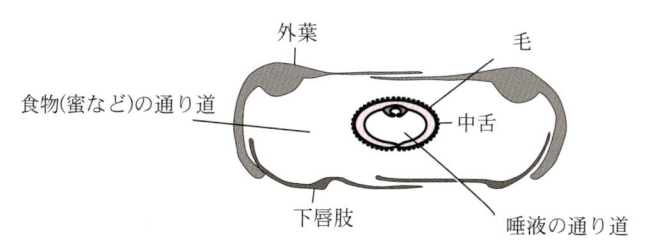

ラベル：外葉／毛／食物(蜜など)の通り道／中舌／下唇肢／唾液の通り道

図8-1-7. 口器の断面
（図8-1-3の側線Aの断面）

口器内に吸い込まれ，中舌表面の毛は毛細管現象により吸い上げの効果を高めている．

次に北海道産マルハナバチ1060個体分の下唇長，頭幅，体長のデータについて種間の比較を行ったものを示す(木野田 2012)．計測範囲は下唇長が中舌の先端から下唇前基節の基部まで(図8-1-8)，体長が触角基部から腹部先端(毛は含まない)まで(図8-1-9)，頭幅が複眼の両端間の長さ(図8-1-10)とした．図8-1-11に北海道産マルハナバチ各種・各カーストの下唇長の頻度分布，図8-1-12に下唇長，頭幅，体長の平均値，図8-13に下唇長/頭幅の比率を示す．

これらのデータから読み取れる主な特徴を次に述べる．

図8-1-8．口器が最も伸長したときの状態

図8-1-9．体長の計測範囲　　図8-1-10．頭幅の計測範囲

各部位の形態（下唇長，体長，頭幅）

エゾナガ♀とエゾトラ♀がともに同程度の顕著に長い舌長を持つ．ただし，エゾトラの♀と♂の下唇長は，エゾナガの同カーストより明らかに短くナガマルハナバチ亜属以外の種との中間的位置を占めている．次いで長いのが，ハイイロを除くユーラシアマルハナバチ亜属の各種である．短い種としては♀がノサップ，アイヌヒメ，エゾオオ，♀がエゾオオ，アイヌヒメ，ハイイロ，ノサップ，♂がエゾオオ，ノサップの順である（以上図8-1-12より）．

また全種の♀において下唇長のサイズのばらつきが大きく，種間でのオーバーラップが広くみられる（以上図8-1-11より）．相対する種間においてオーバーラップする区間が多いほど訪花をめぐる競争関係も強まる可能性がある．

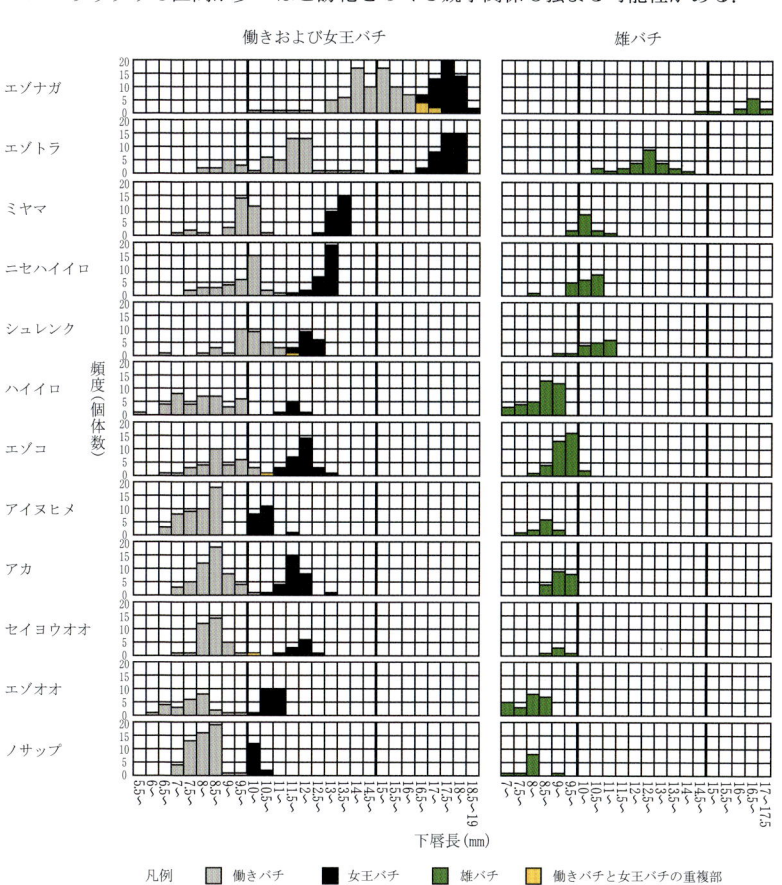

図8-1-11．カーストごとの下唇長の頻度分布

各部位の形態（下唇長，体長，頭幅）

次に下唇長を頭幅で割って標準化した下唇長/頭幅では，ナガマルハナバチ亜属，ハイイロを除くユーラシアマルハナバチ亜属，ハイイロ＋コマルハナバチ亜属，オオマルハナバチ亜属のグループの順で高いことがわかる．エゾナガマルハナバチ亜属の各種で顕著に高い値を示す一方で，大型で頭幅の大きなオオマルハナバチ亜属の各種が最も低い値を示し相対的に（頭幅や体長に対し）短い舌長を持つことがうかがえる．同一亜属内でも差がみられ，オ

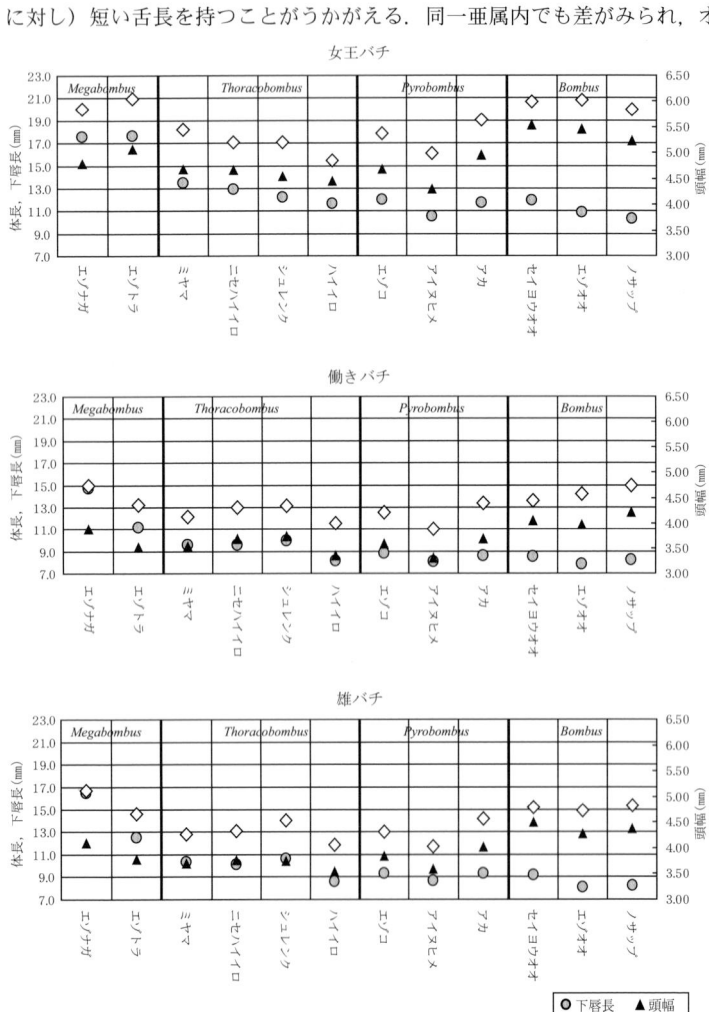

図8-1-12．カーストごとの下唇長，頭幅，体長の平均値の比較

オマルハナバチ亜属内ではセイヨウオオが高く，ユーラシアマルハナバチ亜属内ではハイイロが低い．またコマルハナバチ亜属内ではアカが低い．特にハイイロの♀と♂では，コマルハナバチ亜属各種の方により近い値を示している（以上図8-1-12より）．

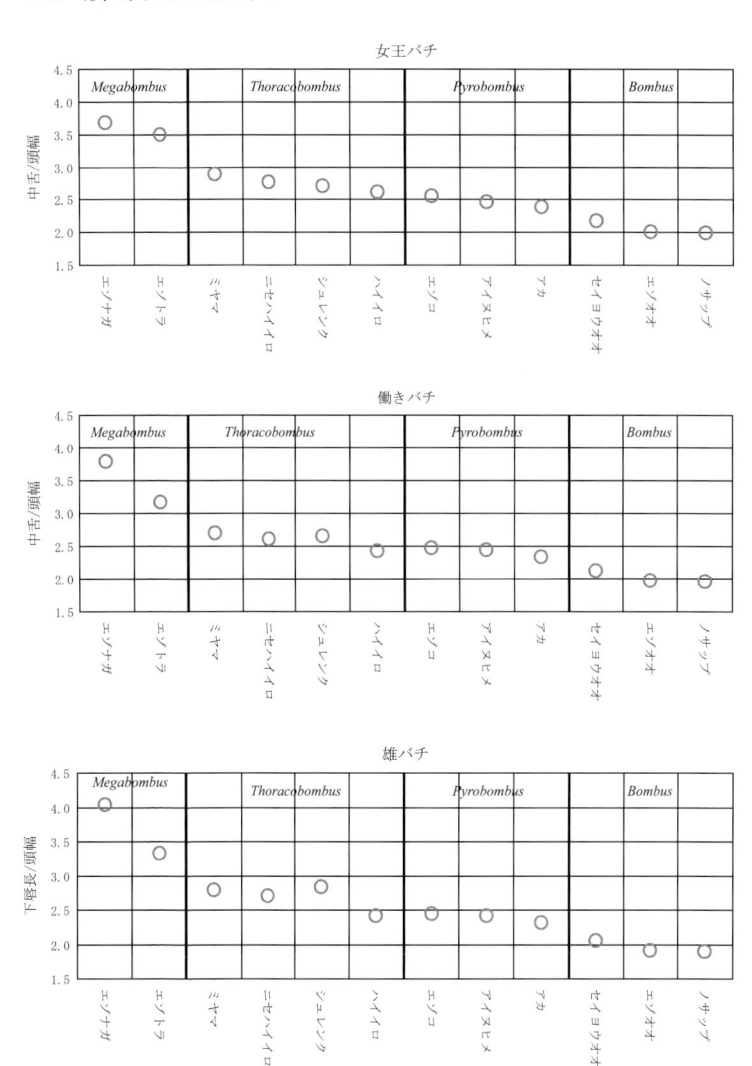

図8-1-13．カーストごとの下唇長/頭幅の比率の比較

134　　　　　　　　　各部位の形態（マーラーエリア♀♀）

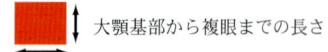

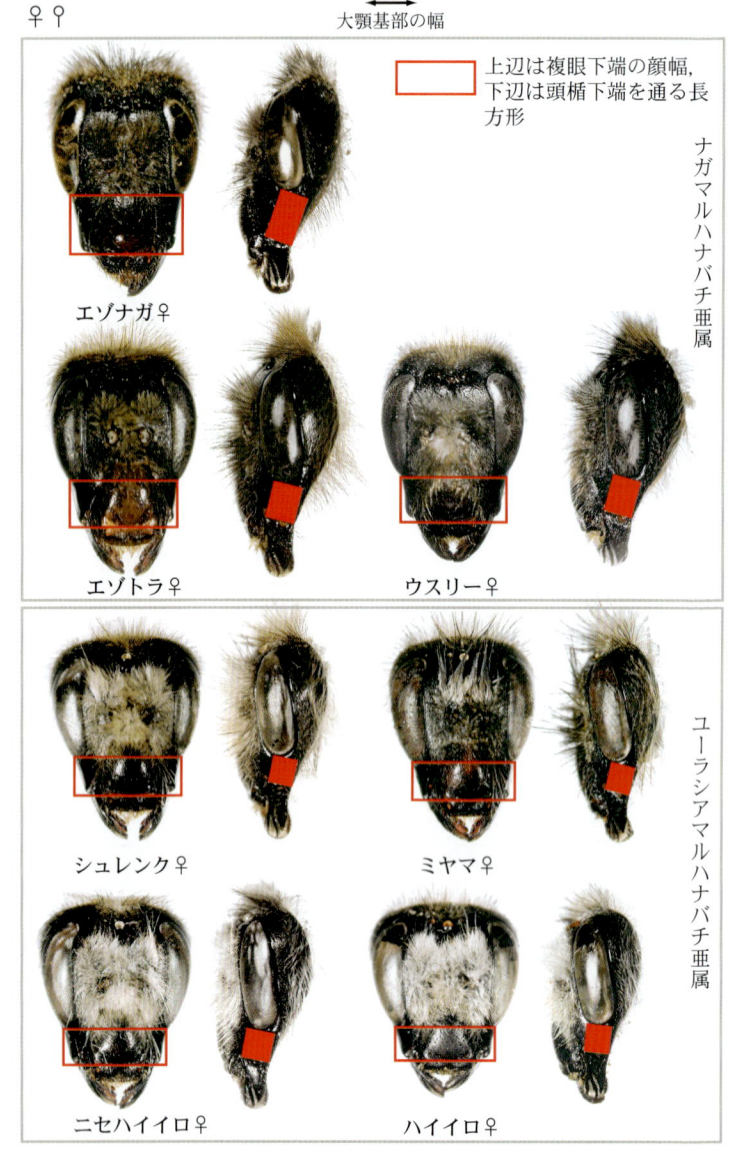

8-2. マーラーエリア ♀♀♂　　以下の頭部写真は、頭幅を揃えて表示した

マーラーエリア ■↕ 大顎基部から複眼までの長さ
↔ 大顎基部の幅

♀♀

上辺は複眼下端の顔幅、下辺は頭楯下端を通る長方形

エゾナガ♀

エゾトラ♀　　ウスリー♀

ナガマルハナバチ亜属

シュレンク♀　　ミヤマ♀

ニセハイイロ♀　　ハイイロ♀

ユーラシアマルハナバチ亜属

♀♀のマーラーエリアは，ナガマルハナバチ亜属が縦長，ユーラシアマルハナバチ亜属がやや縦長，ヤドリマルハナバチ，コマルハナバチ亜属がやや横長，オオマルハナバチ亜属が顕著に横長である．若干の個体変異がある．また♀では，違いが不明瞭な場合がある．

ヤドリマルハナバチ亜属

ニッポンヤドリ♀

エゾコ♀

コマルハナバチ亜属

アイヌヒメ♀

アカ♀

オオマルハナバチ亜属

エゾオオ♀

ノサップ♀

クロマル♀

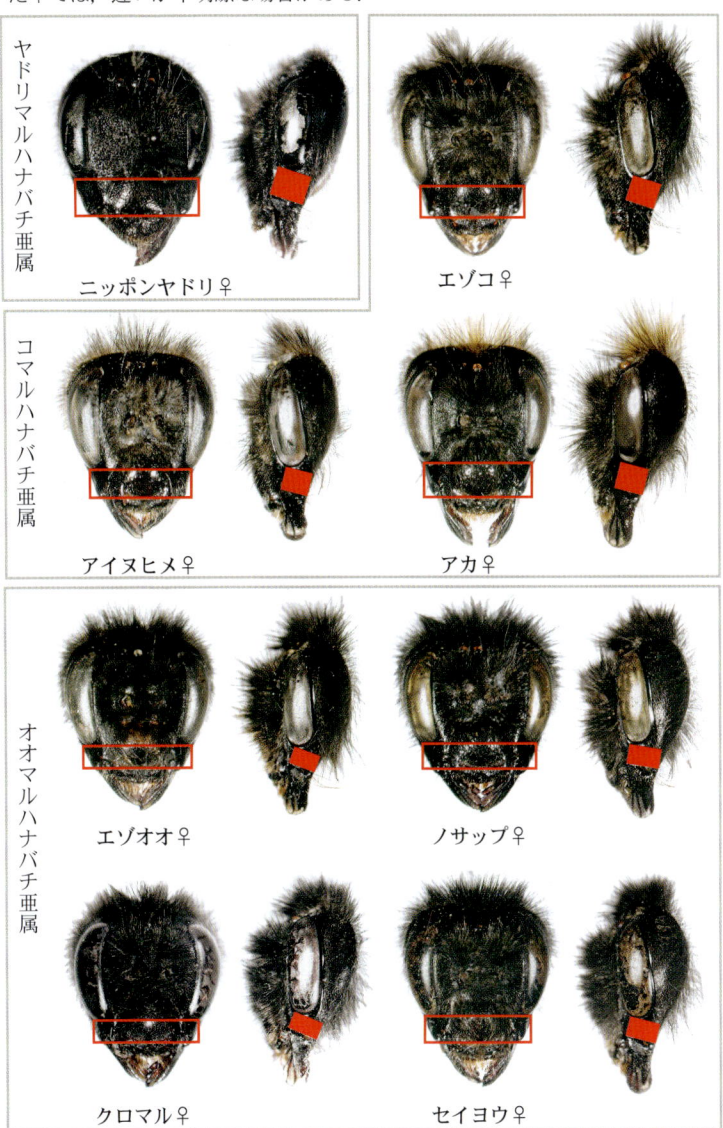

セイヨウ♀

各部位の形態（マーラーエリア♂）

以下の頭部写真は、頭幅を揃えて表示した

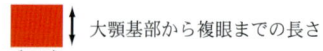

マーラーエリア ▮ ↕ 大顎基部から複眼までの長さ
← 大顎基部の幅 →

♂

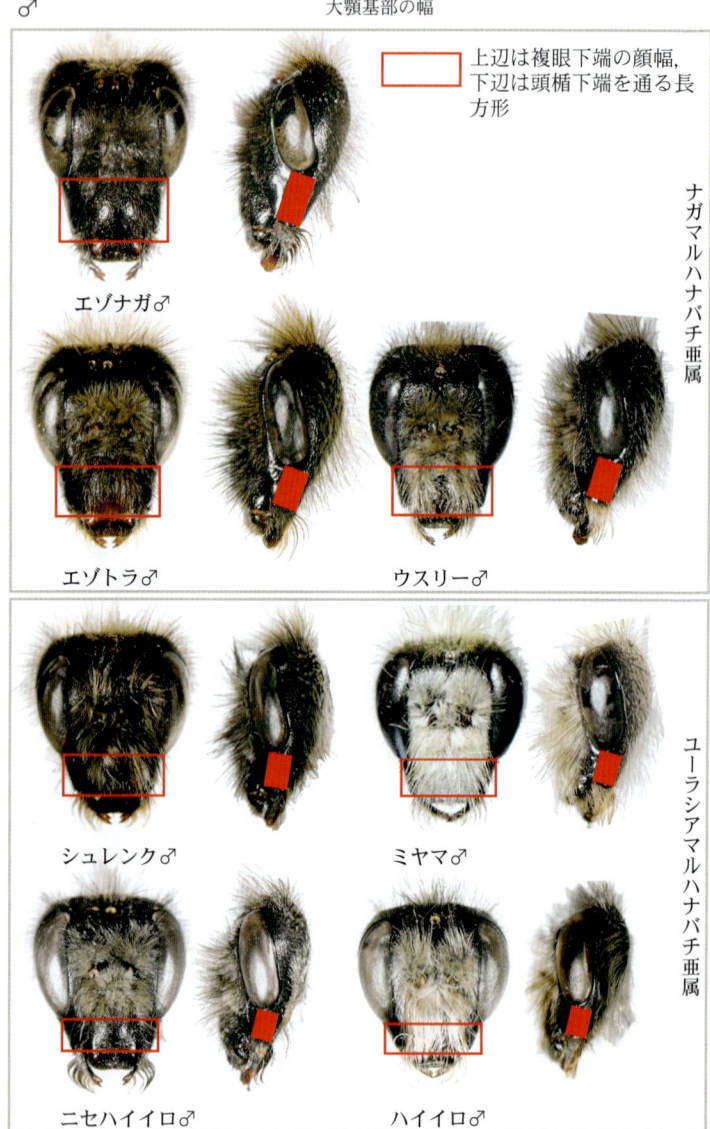

上辺は複眼下端の顔幅、下辺は頭楯下端を通る長方形

エゾナガ♂

エゾトラ♂　　　ウスリー♂

ナガマルハナバチ亜属

シュレンク♂　　　ミヤマ♂

ニセハイイロ♂　　　ハイイロ♂

ユーラシアマルハナバチ亜属

各部位の形態（マーラーエリア♂）

♂のマーラーエリアは，ナガマルハナバチ亜属が顕著な縦長，ユーラシアマルハナバチ亜属，ヤドリマルハナバチ，コマルハナバチ亜属が縦長～やや縦長，オオマルハナバチ亜属がやや横長である．若干の個体変異がある．

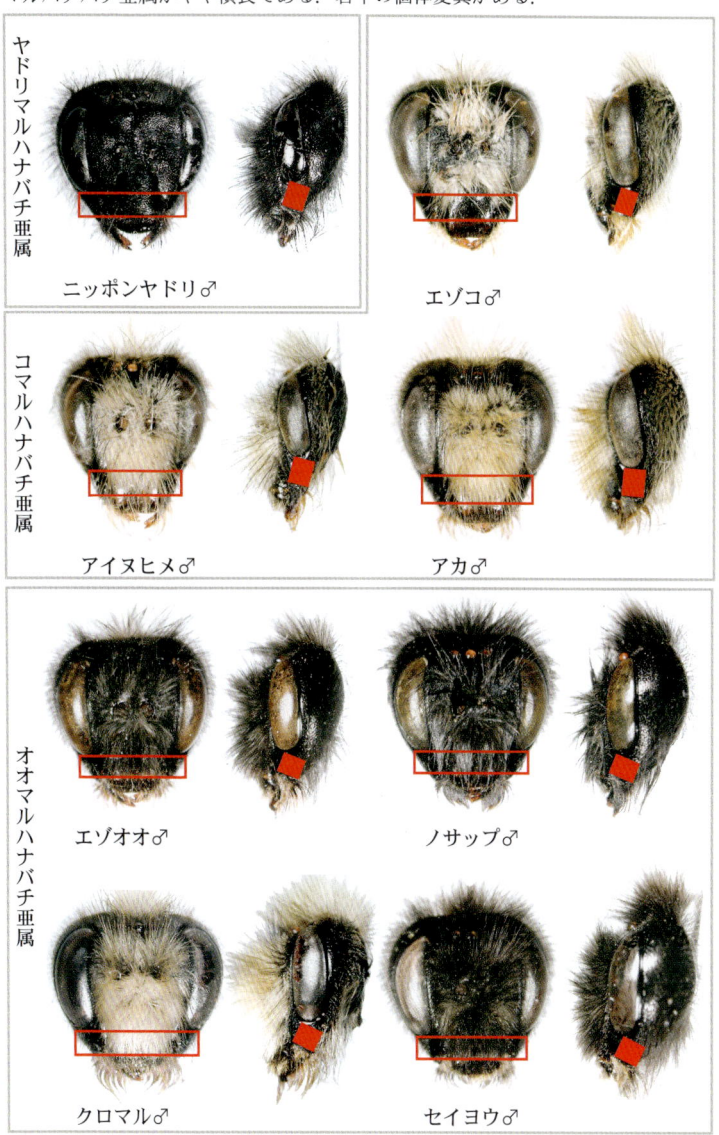

ヤドリマルハナバチ亜属
ニッポンヤドリ♂
エゾコ♂

コマルハナバチ亜属
アイヌヒメ♂
アカ♂

オオマルハナバチ亜属
エゾオオ♂
ノサップ♂
クロマル♂
セイヨウ♂

8-3. 側単眼周辺の点刻♀

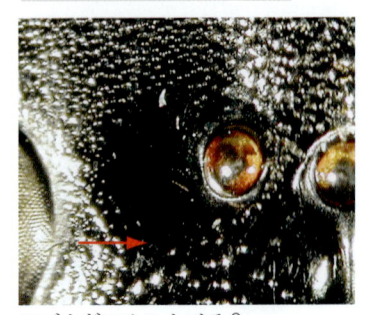

エゾナガマルハナバチ♀　　　　　　ナガマルハナバチ♀
エゾナガよりナガの方が無点刻域が下方に広がる

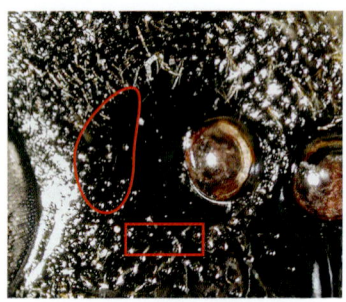

エゾトラマルハナバチ♀　　　　　　ウスリーマルハナバチ♀
ウスリーでは、無点刻域の複眼寄りの部分(上記楕円内)に微細な横しわがみられるがトラではしわが無く光沢が強い．無点刻域下方(上記四角枠内)付近の点刻は、トラではウスリーより疎ら．

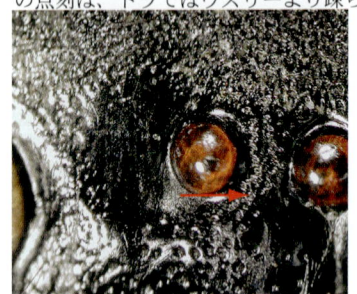

シュレンクマルハナバチ♀　　　　　ミヤママルハナバチ♀
中単眼と側単眼の間の点刻帯が，両者の前縁を結ぶ仮線(接線)上でみたとき，ミヤマは狭く(1列)，シュレンクは広い(2～3列)

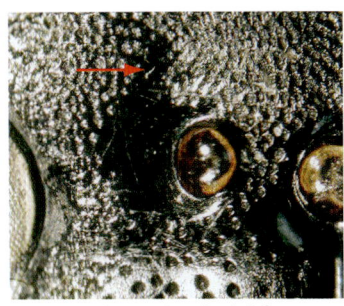

各部位の形態（側単眼周辺の点刻♀）

ニセハイイロマルハナバチ♀ 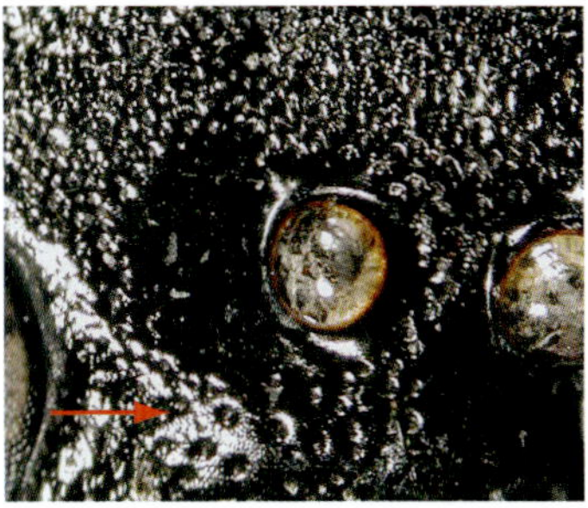　　　ハイイロマルハナバチ♀
ニセでは無点刻域の外形が後方へ尖る傾向を示す．ハイイロの方が無点刻域下方の点刻がやや大きく点刻間が凸凹している

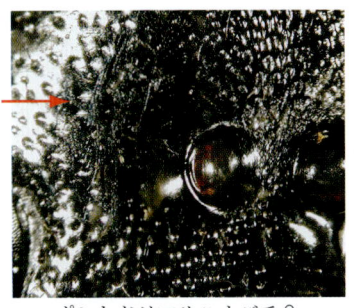

ニッポンヤドリマルハナバチ♀　　エゾコマルハナバチ♀
無点刻域の側後方はなだらかに隆起し，点刻は大きく深い　　無点刻域周辺の点刻は小さく，弱い

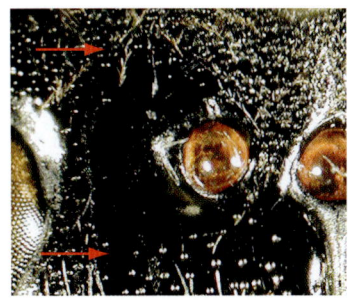

アイヌヒメマルハナバチ♀　　　　アカマルハナバチ♀
側単眼周辺の無点刻域の下半と側方（赤線部）を縁取る点刻はコマルやアカより途切れず大きく，大きさにばらつきが少ない．　　コマルやヒメに比べ一般に赤丸部の点刻が疎らで点刻間は強く光る．

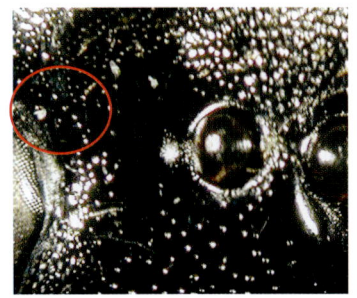

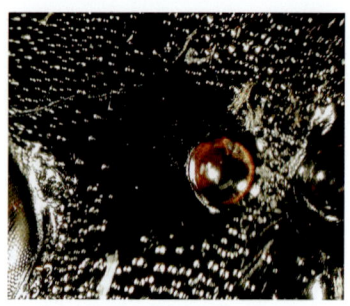

エゾオオマルハナバチ♀　　　　　　**クロマルハナバチ♀**
クロの方が側単眼周辺の点刻が大きく密である

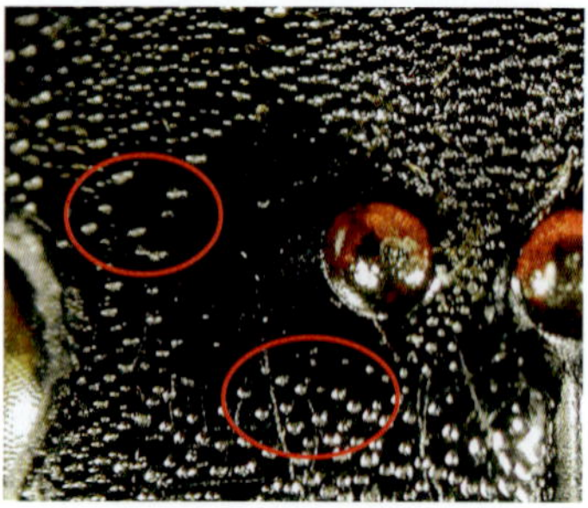

ノサップマルハナバチ♀　　　　　　**セイヨウオオマルハナバチ♀**
赤丸の範囲の点刻の大きさに差がない　　赤丸の範囲に一群(5〜10個)の細かい点刻がある．ただし働きではあいまいである

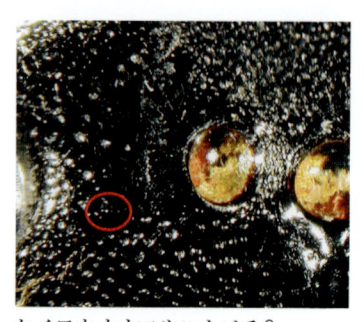

8-4. 中脚基付節先端の形状♀♀

♀および♀の中脚基付節先端後角の形状は，以下のように角が鋭く尖るものと尖らないものに分けられる．

中脚基付節先端の後角が鋭く尖る

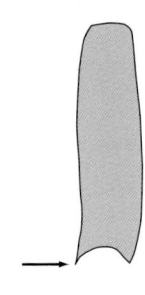

ナガマルハナバチ亜属
ユーラシアマルハナバチ亜属
ヤドリマルハナバチ亜属

中脚基付節先端の後角が尖らない．

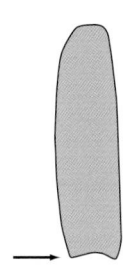

コマルハナバチ亜属
オオマルハナバチ亜属
(オオマルハナバチ亜属では基付節の幅が他亜属より広い)

8-5. 触角♀♂

♀の触角第1節と触角第2～12節の長さの比率

♀の触角第1節(柄節)と触角第2～12節の長さを各種5個体について計測し，その比率の平均値を求め以下に示した．比率は，ナガマルハナバチ亜属＞ユーラシアマルハナバチ亜属≒コマルハナバチ亜属≧オオマルハナバチ亜属の順で大きいが，ナガマルハナバチ亜属以外では，比率に大差はみられない．

第1節(柄節)	第2～12節	
		ナガマルハナバチ亜属
1	: 2.26	エゾナガマルハナバチ
1	: 2.26	エゾトラマルハナバチ
		ユーラシアマルハナバチ亜属
1	: 2.02	シュレンクマルハナバチ
1	: 2.04	ミヤママルハナバチ
1	: 1.92	ニセハイイロマルハナバチ
1	: 1.89	ハイイロマルハナバチ
		コマルハナバチ亜属
1	: 2.13	エゾコマルハナバチ
1	: 2.10	アイヌヒメマルハナバチ
1	: 2.06	アカマルハナバチ
		オオマルハナバチ亜属
1	: 1.98	エゾオオマルハナバチ
1	: 1.95	ノサップマルハナバチ
1	: 1.94	セイヨウオオマルハナバチ

♂の触角第1節と触角第2～13節の長さの比率

　♂の触角第1節(柄節)と触角第2～13節の長さを各種5個体について計測し，その比率の平均値を求め以下に示した．比率は，ナガマルハナバチ亜属＞ユーラシアマルハナバチ亜属＞コマルハナバチ亜属＞オオマルハナバチ亜属の順で大きく，明瞭に区分できる．

第1節(柄節)	第2～13節	
		ナガマルハナバチ亜属
1 :	4.45	エゾナガマルハナバチ
1 :	4.35	エゾトラマルハナバチ
		ユーラシアマルハナバチ亜属
1 :	4.02	シュレンクマルハナバチ
1 :	3.71	ミヤマミルハナバチ
1 :	3.79	ニセハイイロマルハナバチ
1 :	3.83	ハイイロマルハナバチ
		コマルハナバチ亜属
1 :	3.24	エゾコマルハナバチ
1 :	3.13	アイヌヒメマルハナバチ
1 :	3.13	アカマルハナバチ
		オオマルハナバチ亜属
1 :	2.55	エゾオオマルハナバチ
1 :	2.50	ノサップマルハナバチ
1 :	2.55	セイヨウオオマルハナバチ

8-6. 上唇♀

♀の上唇の形状により，2つの亜属群に区分できる．ここで区分される亜属群は中脚基付節の形状により区分する亜属群と合致する．

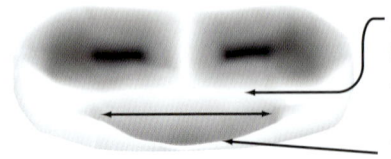

上部凸部と下部凸部の間は完全に凹む．凹みは横方向に連続し上唇を横断する．

下部の凸部は幅が広く，先端は緩やかに弧を描く．

ナガマルハナバチ亜属，ユーラシアマルハナバチ亜属の上唇の形状

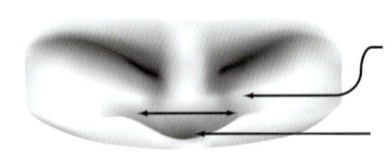

上部凸部と下部凸部は弱い稜線をなしてつながり，上部凸部と下部凸部の間の凹みは横方向に連続しない．

下部の凸部は幅が狭く，先端はやや突出する．ただし，アカマルハナバチでは先端はやや緩やかな弧状となり中間的である．

ヤドリマルハナバチ亜属，コマルハナバチ亜属，オオマルハナバチ亜属の上唇の形状

＊色の濃い部分は突出している箇所

ナガマルハナバチ亜属（*Megabombus*）

エゾナガマルハナバチ♀

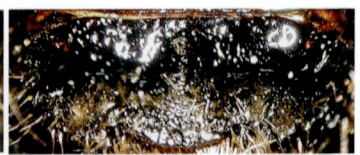

ナガマルハナバチ♀

エゾトラマルハナバチ♀

ウスリーマルハナバチ♀

各部位の形態（上唇♀）

ユーラシアマルハナバチ亜属（*Thoracobombus*）

シュレンクマルハナバチ♀　　　ミヤママルハナバチ♀

ニセハイイロマルハナバチ♀　　ハイイロマルハナバチ♀

ヤドリマルハナバチ亜属（*Psithyrus*）　**コマルハナバチ亜属**（*Pyrobombus*）

ニッポンヤドリマルハナバチ♀　エゾコマルハナバチ♀

アイヌヒメマルハナバチ♀　　　アカマルハナバチ♀

オオマルハナバチ亜属（*Bombus*）

エゾオオマルハナバチ♀　　　　ノサップマルハナバチ♀

クロマルハナバチ♀　　　　　　セイヨウオオマルハナバチ♀

8-7. 交尾器♂
各種オスの交尾器一覧
ナガマルハナバチ亜属 (*Megabombus*)

ナガマルハナバチ 　　エゾナガマルハナバチ

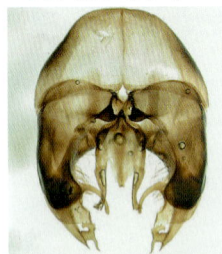

トラマルハナバチ 　　エゾトラマルハナバチ 　　ウスリーマルハナバチ

ユーラシアマルハナバチ亜属(*Thoracobombus*)

シュレンクマルハナバチ 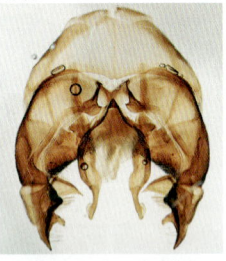　　ミヤママルハナバチ 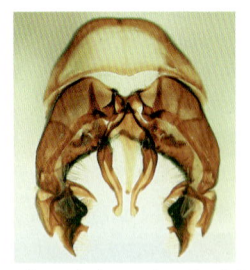　　ニセハイイロマルハナバチ

ホンシュウハイイロ 　　ハイイロマルハナバチ

各部位の形態（交尾器♂）

コマルハナバチ亜属（*Pyrobombus*）

コマルハナバチ 　　エゾコマルハナバチ 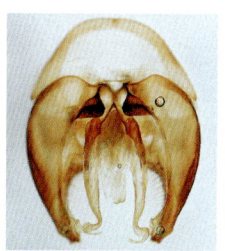　　ツシマコマルハナバチ

ヒメマルハナバチ 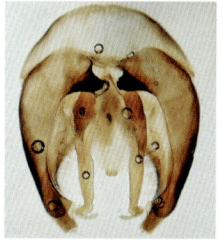　　アイヌヒメマルハナバチ 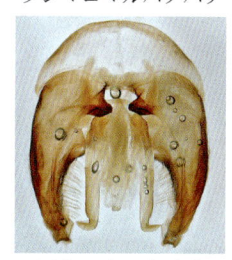　　アカマルハナバチ

ヤドリマルハナバチ亜属（*Psithyrus*）　　オオマルハナバチ亜属（*Bombus*）

ニッポンヤドリマルハナバチ 　　オオマルハナバチ 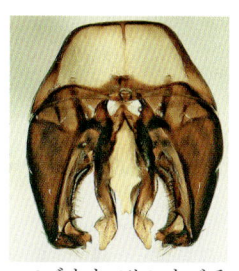　　エゾオオマルハナバチ

セイヨウオオマルハナバチ 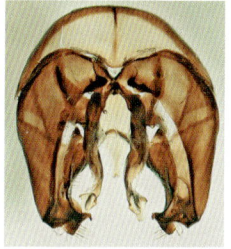　　ノサップマルハナバチ 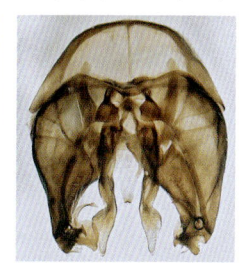　　クロマルハナバチ

近似する種あるいは亜種間の♂交尾器の違い
[ナガマルハナバチ亜属(*Megabombus*)]

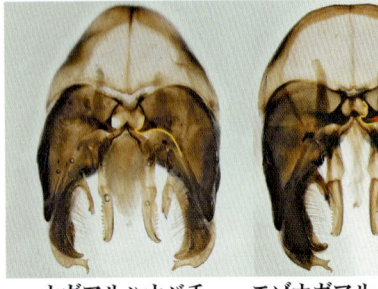

ナガマルハナバチ　エゾナガマルハナバチ

[ナガマルとの違い]
- 先端はそれほど狭まらない．
- 突起部の幅は広い．
- 湾曲は弱い．
- 中空部の幅はやや太く先端はそれほど狭まらない．
- 90度以上の湾曲．
- 一般により強く湾曲し突出．

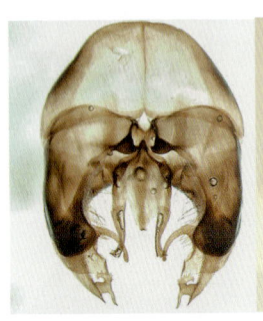

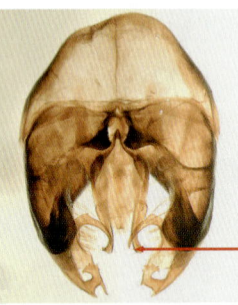

トラマルハナバチ　エゾトラマルハナバチ

一般にトラの交尾器はエゾトラより一回り大きい．

[トラマルとの違い]
- 先端は尖ることが多い．尖らない場合でも先端はトラより狭いことが多い．

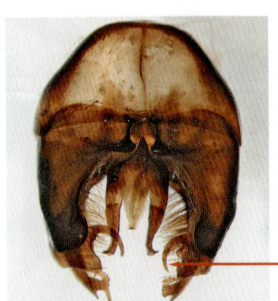

ウスリーマルハナバチ

[ナガマル・トラマルとの違い]
- 先端はより鋭く尖る．

各部位の形態（交尾器♂）　　　　　　　　　149

[ユーラシアマルハナバチ亜属(*Thoracobombus*)]

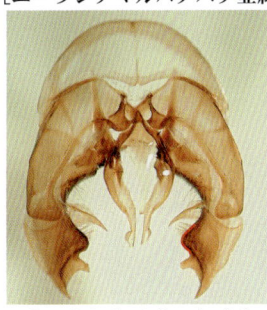

交尾器の大きさはニセハイイロと同程度．

[シュレンクとの違い]
- 太い．
- 一般に太い．
- 急に曲がる．シュレンクではより丸味を帯びる．

シュレンクマルハナバチ　　ミヤママルハナバチ

大きさ，形状ともにシュレンクマルハナバチに似る．

[ハイイロやシュレンクとの違い]
- 突起の根元付近はハイイロの方が明らかに幅広い．

- ハイイロより鋭角で長くシュレンクに似る．
- 角は丸みを帯びる．シュレンクではより丸く盛り上がる．
- シュレンクではより凹む(U字型)．
- 四角状で端辺はシュレンクより滑らかで直線的で背面側の角がより鋭角になる．シュレンクでは端辺がややゆがんだ直線あるいは曲線でぎざぎざ凸凹なことが多く背面側の角はニセハイイロほど尖らない．

ニセハイイロマルハナバチ

交尾器の大きさは以下の2亜種ともニセハイイロより一回り以上小さい．

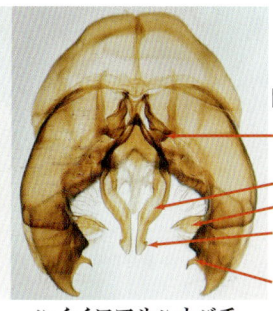

[ホンシュウとの違い]
- 突起はやや短い．
- やや太い．
- 幅広く短い．
- ホンシュウハイイロ同様，横に突出しかぎ状．
- ホンシュウハイイロ同様に先端は尖る．

ホンシュウハイイロ　　ハイイロマルハナバチ

[コマルハナバチ亜属(*Pyrobombus*)]

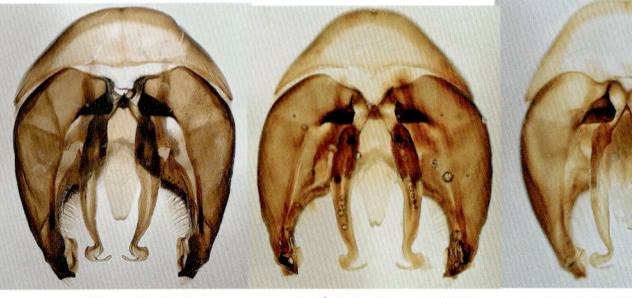

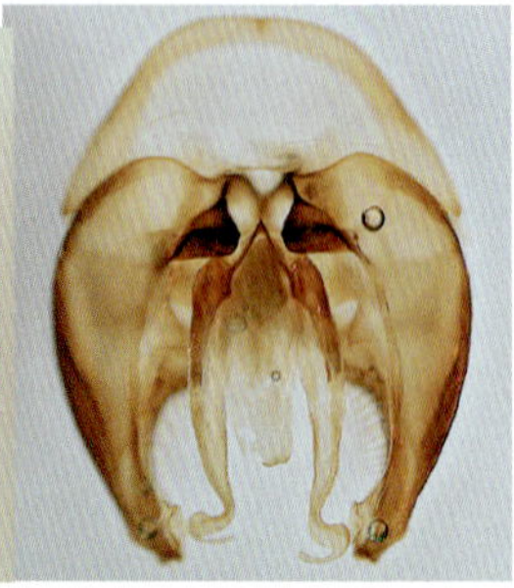

コマルハナバチ　　エゾコマルハナバチ　　ツシマコマルハナバチ

形状は個体差もありコマル，エゾコマル，ツシマコマルの顕著な違いは認められない．
交尾器の大きさにも個体差があり大きさでは区別できない．

アイヌヒメマルの交尾器の大きさは一般にコマルより一回り小さい．

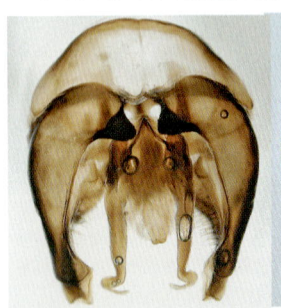

ヒメマルハナバチ 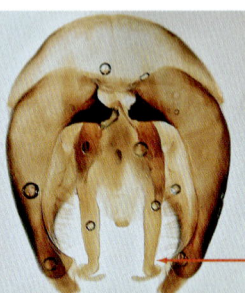　　アイヌヒメマルハナバチ

一般にアイヌヒメの交尾器はヒメより一回り大きい．

ヒメとアイヌヒメの形状はほぼ変わらない．

コマルほど内側にくびれない．

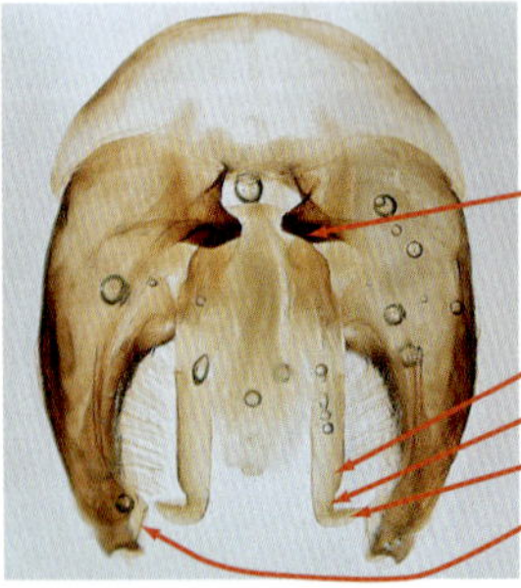

アカマルハナバチ

交尾器の大きさはコマルより少し大きく，アイヌヒメマルより一回り以上大きい．

- 一般に突起の先端に扁平(直線的)な部分がある．例外もある．
- 幅がやや広い．
- ヒメマルよりくびれが少ない．
- 陰茎殻先端は腹面側にほぼ90度折れ曲がる．
- 生殖尾突起先端内側の形状は，コマルと異なり，ヒメマルに近い．

[オオマルハナバチ亜属(*Bombus*)]

オオマルハナバチ 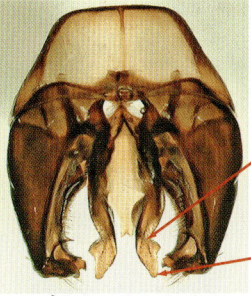　**エゾオオマルハナバチ**

オオマルとエゾオオマルの顕著な違いは認められない．

オオマル・エゾオオマルともにカーブが緩いものからきついものまで個体差がある．

背面側先端の角はやや丸みを帯びる．

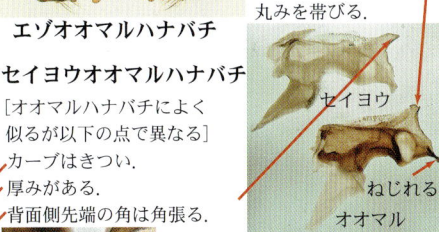

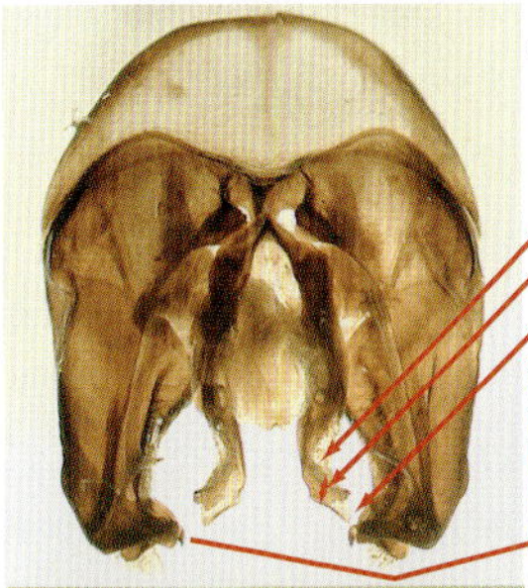

セイヨウオオマルハナバチ

[オオマルハナバチによく似るが以下の点で異なる]
カーブはきつい．
厚みがある．
背面側先端の角は角張る．

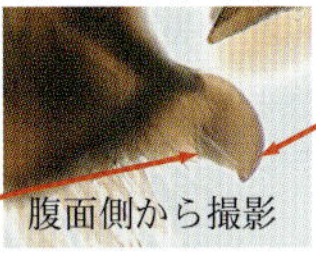

陰茎殻側面

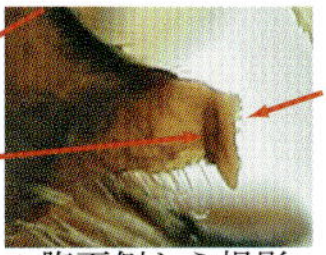

腹面側から撮影

先端は腹方(左写真で手前側)に曲がり，オオマルでは後方(写真で下側)に曲がる．

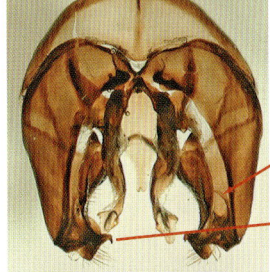

ノサップマルハナバチ

[オオマルハナバチやセイヨウオオマルハナバチによく似るが以下の点で異なる]

棘状突起はオオマルハナバチほど長くない．また湾曲の度合いも少ない．

先端は後方(左写真で下側)に急激に曲がる．平面部に小突起がある．

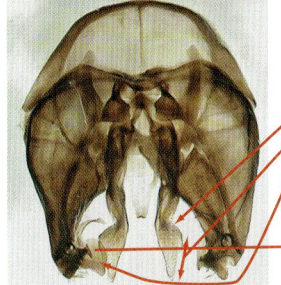

腹面側から撮影

クロマルハナバチ

[同亜属他種とは以下の点で異なる]

カーブは緩く先端は前方に突き出る．
縦幅は広い．
生殖尾突起内縁の翼は広い．

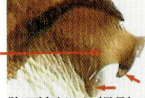

大きな突起が3個ある．

腹面側から撮影

9. マルハナバチとは
9-1. ハチの進化

　ハチといえば，腰が細くくびれ，尾端に針というイメージが目に浮かぶ．実際，マルハナバチはミツバチやスズメバチと同様，この体型をしている．だが，この「ハチらしい」形態は，ハチの仲間(ハチ目)のなかでも細腰亜目(ハチ亜目，図9-2)と呼ばれているグループの特徴で，全てのハチに共通するものではない．ハバチやキバチなど原始的なタイプのハチは広腰亜目(ハバチ亜目，図9-1)と呼ばれ，ほかの昆虫と同じように寸胴で，このグループの幼虫は，チョウやガのように葉や材など植物組織を食べて育つ．その一隅から，植物や昆虫に寄生する寄生バチが進化した．腰のくびれはそれに伴う適応として生じたと考えられている．狙った標的(寄主)にすばやく産卵管を刺して卵を産みつけるには，可動性の高いくびれた腰は明らかに便利である．このくびれはなぜか胸部と腹部の境目ではなく，腹部の第1節と第2節の間で起こったので，その子孫は全てこの特徴を受け継ぐことになった．つまり，細腰亜目のハチの胸部とみえる部分は実は胸部と腹部第1節(＝前伸腹節)が融合したもので，「腹部」は本来の腹部から第1腹節を除いた部分なのである．このため，専門家は時にそれぞれを「中体」・「後体(膨腹部)」と呼ぶことがあるが，この図鑑ではみた目の通り腰のくびれの前を胸部，後ろの部分を腹部と呼んでいる．

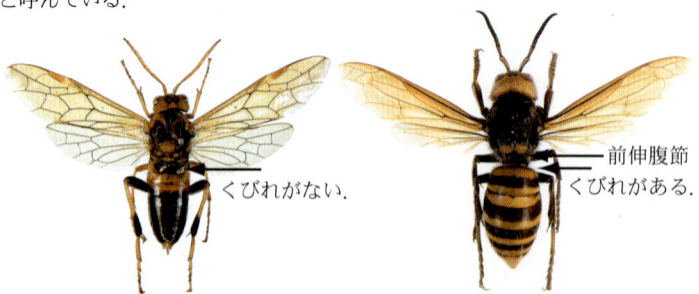

図9-1. 広腰亜目(ハバチ亜目)　　　図9-2. 細腰亜目(ハチ亜目)

　細腰亜目のハチは，有錐類(ヤドリバチ類)と有剣類に大別される．有錐類は先に生じた寄生バチの仲間で，有剣類はそこから進化してきた狩りバチの仲間である．寄生バチは丈夫で長い産卵管を持ち，その周辺に分泌腺を備えているものが多い．この産卵管と分泌腺のセットが，狩りバチの毒針・毒腺に進化し，獲物(昆虫やクモ)や天敵を麻痺させたり，時には殺したりする武

器として機能している．この特殊化と引き換えに「産卵管」は産卵機能を失ってしまい，そのため卵はその付け根の隙間から産み落とされる．マルハナバチをはじめとするハナバチも有剣類の一員で，アナバチの一部から生じたと考えられている．その名の通り狩りは行わず生涯の食物を花蜜と花粉でまかなう．花蜜は主にエネルギー源となり，花粉はタンパク質などの栄養源として主に幼虫の食糧になる．

9-2. 近縁のハチたち

このような進化の道をたどってきたため，ハナバチの体は，狩りバチの体のつくりを土台としながら，花粉・花蜜利用に適応して創りかえられている（口器，被毛，脚など．⇒『花とマルハナバチの共進化』）．なかでもマルハナバチの近縁グループを特定するうえで決め手となるのは，『花粉籠』（花粉バスケット）である（p119参照）．後脚の脛節外面が，このように平坦面を剛毛列で囲む構造となっているのは，マルハナバチ（図9-4）のほかにはシタバチ（図9-3），ミツバチ（図9-6），ハリナシバチ（図9-5）だけなので，この4群のハチたちは同じ祖先から進化してきた親戚（姉妹群）であると考えられている．

図9-3. シタバチ

図9-4. マルハナバチ

図9-5. ハリナシバチ

図9-6. ミツバチ

この4群は分類学上今では「花粉籠ハナバチ(corbiculate bees)」と呼ばれることが多いが，以前はミツバチ科(Family Apidae)とされ各群はそのなかの亜科(例えばマルハナバチ亜科：Subfamily Bombinae)とされていた．その後，ミツバチ科をミツバチ亜科(Subfamily Apinae)に降格する考え方が主流となると各群は族(例えば，マルハナバチ族：Tribe Bombini)という扱いとなった．現在世界で広く用いられているハナバチ分類体系(Michener, 2000)でもこの4族はミツバチ亜科に置かれているのだが，この「ミツバチ亜科」は，大幅に拡張されて，コシブトハナバチ亜科の多くのグループ(ヒゲナガハナバチなど)を取り込み，全19族を含んでいる．そのため，今では上記4族だけを指示したいとき，花粉籠ハナバチと呼ぶしかない状況となっている．分類体系は研究の動向しだいでどこまでも変遷を続けていくものなので，分類群の名前にはあまりこだわらない方がよい．

　花粉籠ハナバチの系統は，発達した真社会性を生み出したことでも有名である．真社会性とは，わかりやすくいえば，不妊化された個体(労役カースト，例えば働きバチ)が，親(生殖カースト，例えば女王バチ)と共在してその子育てを援ける集団生活様式である．その発達度が高まると，労役カーストと生殖カーストの間で形態差が明瞭となり，分業が徹底していく．労役カーストの存在が生活環全般を通して不可欠となる一方で，生殖カーストは単独生活能力を失って生殖マシーンと化していく．その典型がミツバチとハリナシバチであり，この2族の女王バチは花粉籠も退化している．マルハナバチも真社会性であるが，生態編「マルハナバチの一生」に記したように，女王の単独営巣能力が高く，分業の発達度は弱い．外部形態でも，女王と働きバチの間にサイズの大小以外にこれといった違いはなく，どちらとも決めかねる個体もしばしば散見される．シタバチだけは集団営巣や分業の初期段階の兆候を示す種はあるものの単独性を原則としていて，明瞭な真社会性に達している種はみつかっていない(坂上, 1970).

　シタバチ族は中南米に分布し，現在200種ほどが知られている．異常に長く伸びた口器が名の由来になっていて，メタリックな緑色や青色を呈する種が多い．オスがメスを誘引するために特定のランの花から香液を収集し，後脚の特殊な空洞に溜め込むことが知られ，昆虫と被子植物の共進化の例としても有名である．

　ハリナシバチ族は汎熱帯・亜熱帯に分布し，400種以上が記載されている．

高度に発達した真社会性のコロニーをつくるが、巣の構造をはじめ生活史は多様性に富む。ミツバチと異なり、巣の内部構造には蜜蠟に樹脂を多量に混ぜたものを用い、幼虫室は円筒形で、巣盤も多くの種は垂直ではなく水平上向きにつくる。シタバチとともに未記載種が多いといわれ、解明されていない部分が大きい。

　ミツバチ族はユーラシアとアフリカの温帯から熱帯を自然分布域とする。種の数については分子系統学を駆使した論争が続いているが、7〜9種とみる研究者が多い。

　花粉籠ハナバチそのものの起源がいつ頃かは今のところまだはっきりしていないが、最近の研究では1億2,500万年以上前に出現し中生代の末期までに適応放散したと考えられている。最古の化石は、1920〜30年代に米ニュージャージー州産の琥珀中にみつかったハリナシバチ(働きバチ)で、白亜紀末(6,500万年前、Engel, 2000)のものとされている。マルハナバチについては、確実な最古の化石は中新世からのものだが、初期の分岐は旧大陸の東部でそれ以前に起こったと推定されている(p166参照)。

　花粉籠ハナバチの系統分岐モデルは、化石種や現存種の形態比較に基づいて永く議論されてきたが、共通祖先からまずシタバチ、次いでマルハナバチが枝分かれし、最後にハリナシバチとミツバチに分かれたという説が有力だった。しかし、分子系統学では、まず(シタバチ族＋ミツバチ族)と(マルハナバチ族＋ハリナシバチ族)に分岐したとする結果が相次ぎ、系統分類学者に衝撃を与えている。この問題は、花粉籠ハナバチでみられる真社会性が進化の過程で一度だけ起こった現象なのか、何度も独立して起こったのかという問題とも深く関連しており、今後の展開が注目される。

9-3. マルハナバチ族の特徴

(生息域)

　ヨーロッパ産のマルハナバチ数種が牧草や野菜の受粉用として世界各地に移入され，今ではオーストラリア，ニュージーランド，南アフリカ，南アメリカ南部などにも定着している．しかし，本来の分布はユーラシアと周辺の島々，北アフリカ(アトラス山脈)，北米，南米である．また，冷涼で比較的湿潤な気候に適応したグループで，熱帯・亜熱帯の低地や乾燥地帯では，生息していても種数は少ない．それに対して北半球の高緯度地域や高山帯ではハチ相の中心を占める．ホッキョクマルハナバチ亜属(*Alpinobombus*)の*B. hyperboreus*と*B. arcticus*はグリーンランド北部やカナダ極北部のエルズメア島にまで達しているし，ヒマラヤ・チベットなどでは5000mを超える高地でも採集されている．種数が豊富なのはヨーロッパ，南シベリアからモンゴル・中国にかけての山岳地帯，チベット周辺，カシミールなどで，四川省から51種(Williams et al., 2008)，ネパールヒマラヤからは34種(Williams et al., 2008, 2010)，が記録されている．

(生活史)

　マルハナバチは通常年一化性(「マルハナバチの一生」参照)でその巣は1年未満で崩壊するが，このパターンから逸脱している種もある．低緯度地方には，一年を通じて途切れなく活動する種がみられ，その代表例がブラジル低地の*B. atratus*である．この種の新女王は単独営巣も可能だが，交尾後にしばしば元のコロニーにもどり，複数女王が同一巣内に共存する．その際，各女王はテリトリーをつくって敵対し，次第に減少して再び単独女王巣にもどる．このため巣は多年にわたって継続し巣別れ(分蜂)もする(Sakagami, 1976)．ヨーロッパの一部では*B. jonellus*は年二化となり(Meidell, 1968)，ほかにも稀に二化となる種がある．最近では，セイヨウオオマルハナバチがイギリス南部などで真冬でも公園の花を利用して生存することが報告されている(Stelzer et al., 2010)．ヤドリマルハナバチ亜属は絶対的社会寄生性であり，産卵以外の全労働を寄主の働きバチに依存し自種の生殖虫を養育させるため，自分自身の働きバチを持たない．マルハナバチの社会寄生性の萌芽ともみられるコロニー乗っ取りはヤドリマルハナバチ以外でも近縁種間・同種間で比較的普通に観察される．上に引用した*B. hyperboreus*の

女王は*B. arcticus*の巣を頻繁に乗っ取り，自前の働きバチは少数しかつくらない．この族の巣内行動上の際だった特徴として，幼虫が個室ではなく一つの袋（幼虫室）のなかで集団保育されることがあげられる．成虫間・成虫—幼虫間を問わず口移しの給餌を行わないことも片山(2007)の指摘通りこの族の特徴かもしれない．

（毛色）

カラフルな被毛もマルハナバチのトレードマークの一つである．それは種を同定するときには簡便な手掛かりとなるが，あまり頼りすぎると同定ミスの原因になる．毛色にはしばしば同一種内でも目覚ましい地理変異・個体変異があるだけでなく，同地域に生息する複数の種が同じパターンをとることも普通だからである（「よく似た種との見分け方」参照）．変異の仕方は様々だが，暗色(黒～濃褐色)域と明色域(白，灰，黄，茶，橙など)の広がり方，濃淡の違い，およびそうした毛の混じり方の違いによるものがほとんどである．オスの毛色はメスよりも一般に明色で，全身の毛が明色となることがある．働きバチも女王蜂より黒色毛が減る傾向がある．同一種内のめざましい変異の例としてはコマルハナバチのメスがある(p62,66,70参照)．カラーパターンが地理的に収斂する傾向は一般にミューラー型擬態として説明されるが，保護色の可能性や体温調節機能との関係も指摘されている．同種内の毛色の二型が単純なメンデル遺伝であることを実証した例(Owen ＆ Plowright, 1988)はあるが，生化学的なしくみはほとんど解明されていない．

（族内のグループと種数）

マルハナバチは種間の形態差が小さいハチである．メスの場合，密度や長短などを含めた毛に関わる形質以外に体の各部位の相対長，点刻の大小・形状・密度，体の各部位の相対長などが手掛かりとなるが，どれも相当の個体変異があるし，働きバチ(特に小型個体)では不明瞭化してしまうことが多く，簡単とはいえない．オスの場合は交尾器が最終的な識別手段だが，同亜属の種間では交尾器にも決定的な差異をみつけられないことがしばしばある．このためリンネ以来の研究史を持つヨーロッパ産種でも種の区分について未だに論争が続いている種(種群)があり，ノサップマルハナバチを含む*B. lucorum complex*もその例である．

亜属レベルの区別では，容易なものから難しいものまで様々である．ヤドリマルハナバチの仲間は，花粉バスケットの退化をはじめほかとの形態差が顕著で，メスでは腹部末端節の変形，オスでは交尾器のキチン化の弱さなどから区別できる．このため，かつてはマルハナバチ族内にマルハナバチ属(*Bombus*)とヤドリマルハナバチ属(*Psithyrus*)の2属を認める研究者が多かった．しかし，ヤドリマルハナバチのオス交尾器はマルハナバチ属中の一部とよく似ている．現在では，マルハナバチ全体の単系統性がDNA解析からも確認

表9-1　世界のマルハナバチの種数（Williams et al., 2008より）

亜属名（和名）	種数
Mendacibombus	11
Bombias	3
Kallobombus	1
ここから「長顔クレード」	
Orientalibombus（トウヨウマルハナバチ亜属）	3
Subterraneobombus	11
Megabombus（ナガマルハナバチ亜属）	20
Thoracobombus（ユーラシアマルハナバチ亜属）	50
Psithyrus（ヤドリマルハナバチ亜属）	30
ここから「短顔クレード」	
Pyrobombus（コマルハナバチ亜属）	51
Alpinobombus（ホッキョクマルハナバチ亜属）	5
Bombus（オオマルハナバチ亜属）	11
Alpigenobombus	7
Melanobombus	17
Sibiricobombus	7
Cullumanobombus	23
	合計 250

(Williamsによる英国自然史博物館のウェッブ・サイト，http://www.nhm.ac.uk/research-curation/research/projects/bombus/decline.htmlより，2011年1月12日現在)

され，マルハナバチ族はマルハナバチ属1属だけで代表されている．最近の体系では同属は合計15亜属(Williams et al., 2008)，種数は，全部で250種とされる．

　コマルハナバチ亜属とユーラシアマルハナバチ亜属で全種数の40％を占める．ヤドリマルハナバチ亜属，ナガマルハナバチ亜属がそれに次ぐ．ただし，この体系ではユーラシアマルハナバチ亜属は，ミナミマルハナバチ亜属 *Fervidobombus* などいくつかの旧亜属を包括したことにより，種数が大幅に増えている．ナガマルハナバチ亜属も旧トラマルハナバチ亜属等を編入したため種数が増えている．なお，この体系の亜属認識は単系統群のみを分類群として認める分岐分類学的の立場に立っているので，形態と生態に基づく以前の亜属認識からすると違和感も残る．

　最近の分子系統樹(Cameron et al., 2007)では，マルハナバチの主幹は，まず，*Mendacibombus, Bombias, Kallobombus* の3亜属を順次に枝分かれさせたのち，「長顔(＝長舌)クレード」と「短顔(＝短舌)クレード」の大枝(表9-1)に分岐させている．伝統的な分類学でも半世紀前にはマルハナバチ属を中脚の基付節末端後角が尖っているグループ(Odontobombus)と尖っていないグループ(Anodontobombus)とに大別していた．当時の知識では，これが営巣習性上のポケットメーカーかノンポケットメーカーかという区分と一致していたので，自然分類としての説得力を持っていた．この区分の単系統性は今は否定されているが，新系統樹中の2つのクレードはその面影をとどめていることは興味深い．また，中脚基付節の形質は標本同定の最初の手掛かりとして今も有用である．

　ウイリアムズは「形態的に微差しかない地域個体群は何らかの決定的な差異がみつかるまで同種として扱う」という立場をとっているため種数を過小評価しているといわれてきた．その彼も分子系統解析の進展とともに少しずつ認める種を増やしてきているようである．元より種数は「種」の定義次第で増減する．では，現状の認否基準が今後もさして変わらないとした場合，マルハナバチの種数はどうなるだろう．新種の発見によって増えていくのだろうか？　最近，四川省から新種が記録された(Williams et al., 2009)ことからみても，新種発見は今後もありそうである．ただ，あまり多くは期待できそうにない．マルハナバチはとても目につきやすく，花上で簡単に採集できるため，昆虫調査隊や採集家が一度でも入った地域であれば見落とされる

確率は低いからである．逆に相当数がリストから外されていく可能性もある．上掲のリストは，遠い昔に毛色の差異に基づいて記載され，その後の文献にはほとんど登場しない種をかなり含んでいる．やがて模式標本の調査やDNA研究が進めば，そのいくつかはほかのよく知られている種と統合整理され消えていくことになるだろう．こうして増減の要素を考慮すると，250種前後という数字はこれからもさほど動かないのではないだろうか．

9-4. 日本産マルハナバチの類縁関係と起源

　日本にいるマルハナバチ各種の系統関係はどうなっているのだろうか．また，それぞれいつ頃分岐したのだろうか？　この問いにも分子系統学が解答を与え始めた．田中（2001）は日本産マルハナバチ全種とアジア産近縁種をCO1遺伝子の塩基配列について調べて種の分岐関係と分岐年代を算出し，日本列島のマルハナバチ相形成史を論じている（分岐年代の推定は，進化的距離K2Pの平均値に基づき，進化速度を0.023/100万年として計算）．特に注目すべき点を列記しておきたい．

1）北海道固有種とされてきたエゾナガマルハナバチは大陸に広く分布する大陸産『ナガマルハナバチ』と同種であり，特にサハリンの個体群と関係が深い．本州のナガマルハナバチは大陸産とは種レベルともいえる差異がある．

2）トラマルハナバチとウスリーマルハナバチの隔たりは大きく，両者の分岐年代は鮮新世にまで遡ると思われる．ウスリーマルハナバチの大陸群と本州群の分岐年代は，更新世中期（約17万年前）である可能性が高い．

3）ユーラシアマルハナバチ亜属の日本産の4種中，シュレンクマルハナバチ，ニセハイイロマルハナバチ，ミヤママルハナバチは互いに近縁で更新世中期（約50万年前）に分岐している．そのうち，シュレンクとニセハイイロの遺伝子距離は，同種といえるレベルの違いしかない．

4）ニッポンヤドリマルハナバチの大陸の同種個体群からの分岐は非常に大きく，更新世中期の約30万年前とみられる．

5）ノサップマルハナバチは*B. lucorum complex*の一員とされてきたが，*B. lucorum*とは別種である．むしろヨーロッパからベーリング海峡まで分布する*B. cryptarum*（東シベリアから中部千島にかけて生息するサハリンオオマルハナバチはその一亜種）と同種の可能性が高い(p10参照).

6）オオマルハナバチとクロマルハナバチの差異は非常に大きく，おそらくそれぞれ鮮新世起源の別系統に属する．また，それぞれの大陸個体群との分岐年代はクロマルハナバチは古く，オオマルハナバチは比較的新しい．

7）日本産コマルハナバチ亜属の3種は互いに遠く隔たっていて，それぞれの起源は鮮新世と思われる．ヒメマルハナバチは大陸高緯度地方に広域分布する*B. cingulatus*と非常に近縁である．アカマルハナバチは北海道産と大陸産の間で種レベルに近い差異がある．分岐はともに更新世前期と推定される．

　この結果は，いくつかの関係種の認識に変更を迫るものであるが，現時点では分類学的報告が終わっていないので，この図鑑の学名は従来通りのものを用いている(「利用の手引」参照).

10. マルハナバチの一生

マルハナバチの生活史は前年の夏から秋にかけて誕生した新女王バチが雄と交尾して，長い越冬を終え，春に出現するところからスタートする．コロニーは，巣の創設者である女王，その娘である働きバチ，そして雄の3つのカーストによって構成される．日本産マルハナバチの生活環を示すと図10-1の通りである．

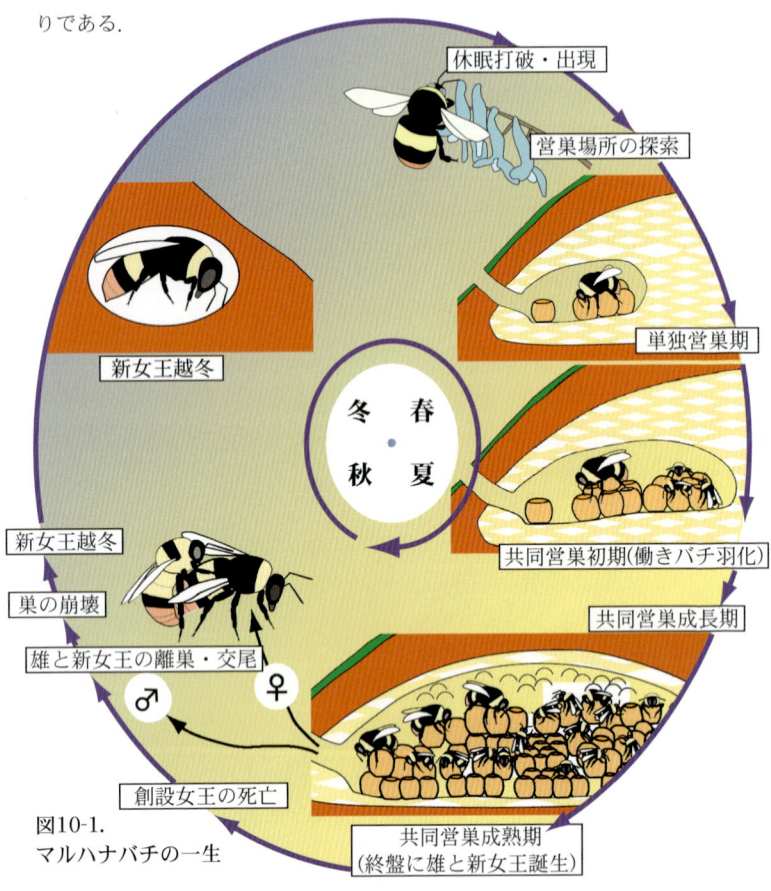

図10-1. マルハナバチの一生

女王 前年の夏から秋にかけて出現し(コマルハナバチ亜属は初夏)，野外で雄と交尾した後土中などで越冬する．翌春，越冬から目覚めると営巣場所を選定して産卵を開始する．働きバチが羽化して内役や外役をするようになると産卵に専念する．夏から秋にかけて雄と新女王が羽化すると一生を終える．

働きバチ 卵から20〜31日ほどで成虫になり，巣内の清掃，育児などの内役と蜜や花粉採集，坑道の保守管理などの外役を行う．花粉ポケット(p6参照)と呼ばれる容器で給餌するグループ(ポケットメーカー)では，花粉から遠いところで育った個体は餌を充分にとれずに小型化する傾向があるといわれてる．花粉ポケットを有しないグループ(ノンポケットメーカー)でも天候不順で長期間花粉の供給が絶たれると小型化する．また，小型の個体は内業に専念することが多い．

雄 コロニーが成熟期と呼ばれるピークに達した頃に出現する．雄は巣内の労働に一切従事することなく，成熟すると離巣して二度と巣にもどらない．雄の使命は野外に出て新女王と交尾することである．

(女王の誕生と越冬)

新女王は種内および種間によって異なるが，通常夏の終わりから秋にかけて誕生する．羽化後，巣内で成熟すると離巣して，野外で雄と交尾をした後，土中やコケ，ワラ束，朽木などの中などに潜って越冬する．

(越冬から営巣場所探し)

長い越冬から目覚めた女王は花々を訪れて吸蜜し，越冬中に消耗した体力の回復を図るとともに，営巣場所となる土中のネズミの古巣などの探索をはじめる．営巣に適した空所がみつかると，そこを営巣室と定め，周辺のコケや植物の葉などを集めてリフォームする．

(単独営巣期，図10-2)

女王は営巣場所の保温材のほぼ中心に直径3cm前後のドーム状の営巣室を完成させると，産卵のために花粉と蜜を混ぜ合わせた1cmほどの大きさの花粉蜜塊を営巣室の床に置き，その上や中に1卵ずつ産卵を開始する．全部で8個ほど産卵し，産卵後は全体を腹部から分泌したワックスで被膜するが，産卵数も被覆に至る過程も亜属間や種間で変異が大きく，日本産種でもほとんどの種で細部は解明されていない(片山, 2007)．また，第1巣室から2cmほど離れたドームの外に蜜壺をつくり貯蜜する．産卵後は腹部から放熱して第1巣室を温め続けるほか，日に何回か蜜や花粉採集の外役に出かける．

マルハナバチの卵・幼虫・蛹の各発育期間は種内・種間で差があるが，通常卵は4〜6日でふ化し，幼虫期は6〜19日，蛹期は7〜20日，全発育期間は平均で20〜31日ほどである．この間，女王は単独で蜜と花粉の採集と育児，さらには第2・3巣室をつくり産卵を続ける．

卵からふ化した幼虫はワックス製の巣室で育てられる．給餌法は花粉ポケットと呼ばれる容器の中に花粉を詰め込むグループ(ポケットメーカー：日本産ではナガマルハナバチ亜属，ユーラシアマルハナバチ亜属)と直接育児室に給餌するグループ(ノンポケットメーカー：日本産ではコマルハナバチ亜属，オオマルハナバチ亜属)に分けられる．幼虫は伸縮性に富んだ巣室の中で競い合いながら成長し，終齢(4齢)になると絹糸を吐いて自分の領域を確保し，それまでローマ字の「C」の字のように円形に丸めていた体位を変え，頭部を上にして鶏卵を立てたような形の繭をつくって蛹化する．繭は互いに連結して，ブドウの房を彷彿とさせる形になる．

(共同営巣成長期，図10-4)

第1巣室の働きバチが羽化して，内役や外役を分担するようになると，女王は産卵に専念するようになるが，一部の女王では第2・3巣室の働きバチ羽化後も外役を続けるものがある．働きバチの出現によって，育児や巣の清掃，蜜や花粉採集は働きバチの分業となるが，卵を産みつけるまでの巣室づくり(卵室の形成)だけはその後も女王自らが行う．卵室は繭の上につくられ，大きさは直径5～6mm，深さ5mmほどで，材料は巣内に残されたワックス片が再利用される．1室に産下される卵数は種内・種間で差がみられるが，通常5～15個ほどである．

(共同営巣成熟期，図10-5)

働きバチの誕生から1ヶ月以上経過すると，巣内は卵室(卵期の巣室)，幼虫室(幼虫期の巣室)，営繭，空繭などが何層にも積み重なり，これらの間隙をぬって，働きバチは育児や清掃，集めた花粉や蜜などの管理を行う．コロニーが一定の発達段階に達すると，女王は産卵を働きバチになる受精卵から雄になる無精卵に切り替えて生殖虫の生産を始める．この転換期をスイッチ点(SP)と呼び，コロニーが成熟期に到達したものと判断される．通常，雄卵に続いて新女王の雌卵が産下される．稀にこれとは逆のケースもみられる．スイッチ点による転換は一部の種を除いて通常，盛夏～初秋にかけておきる．(片山, 2007)

(崩壊期，図10-6)

コロニー内で雄や新女王が出現して，次々と離巣するようになると，卵室や育児室もほとんどなくなり，蜜壺と花粉室の食料庫も空になっていく．創設女王や働きバチも力尽きて次々と死んでいき，巣内は湿気によるカビの増殖や寄生昆虫などの食害によりボロボロになって崩壊していく．

図10-2.
創設期(単独営巣期)
(オオマルハナバチの巣)
蜜壺に頭を入れる女王．後方にあるのが第1巣室

図10-3.
共同営巣初期
(オオマルハナバチの巣)
蜜壺(2個並列するのは稀)と繭を抱えて暖める女王．最初に生まれた働きバチも女王の腹部下方で繭を暖めている．

図10-4.
共同営巣成長期
(ウスリーマルハナバチの巣)
女王と働きバチが繭や幼虫室を抱えて暖めている．

図10-5.
共同営巣成熟期
(トラマルハナバチの巣)
多数の新女王の繭が並ぶ．

図10-6.
崩壊期
(トラマルハナバチの巣)
ミカドアリバチ(矢印)やスムシ(メイガ科ハチノスツヅリガの幼虫)の寄生を受けている．スムシは巣材などを食べ，糸を吐きその中で行動する．

11. 花とマルハナバチの共進化

　地球上に分布する被子植物は約1億年前の中生代白亜紀後期に植物相のなかで爆発的に適応拡散していったものと考えられている．この引き金になった要因は様々であるが，食性を捕食性から花粉食へ転換した有剣類の一部であるハナバチの仲間の存在を無視することはできない．マルハナバチはこのハナバチから分化した末裔で2,500～4,000万年前頃(始新世と漸新世との境界付近)に端を発していると推定されている(Hines, 2008).

　ハナバチは蜜や花粉などを植物に依存した生活を送り，餌資源を提供する植物との間に長い時間をかけて共進化を遂げてきた．共進化と呼ばれる現象は一般に複数の生物がお互いの進化に影響を与え合いながら進化を遂げることを指すが，植物とマルハナバチの間においてもこのような進化が長い歴史のなかで繰りかえされてきた．その結果，アヤメ類，トリカブト類，ツリフネソウなどの花々は，長舌種のマルハナバチによる送粉に適応した特殊化を遂げており，両者とも相手のいない場所では生存に支障をきたすほど深い関係を構築するに至った．今日，マルハナバチは地球上の温帯域を中心に広く分布し，多くの植物にとって重要な送粉者としての地位を固め，植物の繁栄に多大な影響力を持っている．

(蜜と花粉集めの戦略)

　マルハナバチは植物から蜜と花粉を効率よく採集するために，次の3つの形態上の特徴を進化させてきた．すなわち1)吸蜜するために長く伸びる折り畳み式の口器，2)花粉採集をするために全身に密生させた長毛，3)後脚の花粉圧搾器と花粉籠(花粉バスケット)である．(p119の図参照)

　マルハナバチの口器前半は中舌が伸長して，花の蜜線から蜜を吸い上げることができる構造になっている．口器は普段，頭蓋の腹面側に折り畳まれているが，蜜源が豊富な植物を訪花するときは口器を出したまま飛翔することも多い．中舌の長さは，同一のカーストを比較すればナガマルハナバチ亜属で顕著に長く，ユーラシアマルハナバチ亜属，コマルハナバチ亜属，オオマルハナバチ亜属と徐々に短くなる(ただし種によって例外はある．詳細はp131～133参照)．イカリソウやツリフネソウなどの植物は蜜線のある長い距を発達させ，長舌種のみが吸蜜できるように花形態を特化させている．また舌の短いオオマルハナバチ亜属の女王バチでは蜜線に舌が届かない花では，途中から小孔を開けて舌を挿入して吸蜜する盗蜜行動が行われることがある．

　花粉採集の方法は花の大きさ，構造，花粉の状態などによってそれぞれ異

なるが，1)振動集粉　2)回転集粉　3)接触集粉に分けることができる．振動集粉は一般に下向きに咲く花で行われることが多く，花の入った葯に止まって体を小刻みに振動させて落ちた花粉を体毛で受け止めて集める方法である．トマトなどの風媒花はこの振動集粉のおかげで受粉するが，ミツバチではこのような受粉はできない．次の回転集粉は花床をグルグルと何回も回り続けたり，転げ回って集粉する場合と円柱状の穂花の周りを何周も回り続けて集粉する方法である．接触集粉は通常の吸蜜行動のなかで花粉に触れて採集する方法である．いずれの集粉方法でも体毛に付着した花粉は，頭部は前脚，胸部は中脚，腹部は後脚でそれぞれにある花粉刷器(花粉ブラシ)によってかき集められ，最終的には全て後脚へ送られる．集められた花粉は後脚の花粉刷器によってまとめられ，頸節と付節第１節の間にある花粉圧搾器によって団子にされた後，脛節外側にある花粉籠(花粉バスケット)に収められる．この作業は左右の両脚で同時に行われ，花粉団子の大きさもほぼ左右均等につくられる．このようにマルハナバチの形態は蜜と花粉を採集するために特化した究極の構造を有するハナバチに進化したのである．

(植物の花形態による戦略)

　植物の花の形態，大きさ，色，香りなどの形質は様々であるが，花の用途は次世代の種子をつくりだすための重要な生殖器官である．花の形質の多様性はどのように引き起こされて進化したのであろうか．その答えは送粉者である昆虫類の選択圧によるものと一般に考えられている．そのために，植物は送粉昆虫に対して一層魅力的な花形質を提供するように進化してきたのである．

　植物にとって数ある送粉者のなかでもマルハナバチが有力なものとなるにつれ，花形質のなかでも特に形態がマルハナバチの訪花・吸蜜しやすい構造に進化していく．同時に，効率の悪いその他の送粉者を排除するために，花の形態は一層特殊化していき，アヤメ類，トリカブト類，ツリフネソウなどの例にみられるように特定のマルハナバチだけを送粉パートナーとする植物も出現したのである．これらの植物はマルハナバチに蜜と花粉を独占的に与え，同所的に競合する植物よりも確実に送粉者を確保する戦略を選んだのである．しかし，この戦略も一歩間違えると，植物にとって大きなリスクともなりうる．何らかの原因によりパートナーであるマルハナバチがいなくなったり生息密度が減少したりすると，次世代の繁殖が妨げられるからである．

こうした究極の関係から，その土地の植物相をみれば，おおまかなマルハナバチ相の推測がつく．例えばツリフネソウの群落がみつかれば，かなりの密度でトラマルハナバチなどの長舌種の棲息をうかがい知ることができる．逆にマルハナバチ相が貧弱な場所では群落を形成することもなく，せいぜい散在するか、あるいは植物そのものをみることができないのが普通である．

図11-1．アヤメで吸蜜したトラマルハナバチ♀．もぐり込むときに花びら状の雌しべをめくり，背中の花粉が雌しべに触れて受粉する．大型のハナバチでなければ受粉できずマルハナバチがメインの送粉者である．

図11-2．キケマンで吸蜜するウスリーマルハナバチ♀．花びらを上下に押しのけると花粉を付けた雌しべが出てきて，花粉をハチの腹部に付ける．花びらを押しのける力のあるマルハナバチがメインの送粉者である．

図11-3．ツリフネソウを訪花するウスリーマルハナバチ♀．花の距の先端に蜜があり舌の長いマルハナバチが訪花する．中に体を入れると花の入口にある雄しべと雌しべが背中に触れるしくみになっている．

図11-4．グミで吸蜜するミヤママルハナバチ♀．下向きの花は，ハナバチがしがみ付いて吸蜜するのに適している．花筒程度の長い舌を持つハナバチ類がメインの送粉者である．

12. マルハナバチの巣の発見法と発掘法

　マルハナバチの生態を解明するにはできるだけ多くの自然巣を発見し，その内部を調査して必要な情報を得ることから始まる．しかし，自然界でマルハナバチの巣をみつけることは容易でなく，生態研究の隘路にもなっている．

　マルハナバチの巣を確実にみつける方法はないが，これまでマルハナバチとかかわってきた経験を基にその発見法を紹介したい．巣の発見には多くの時間と労力，そして根気を要するが，それらが結晶して巣の発見に至ったときの喜びは大きい．

（マルハナバチの習性を知る）

　巣をみつけるために最も大切なことは，マルハナバチの習性を知ることである．マルハナバチは大きな丸々とした体型をしていて，花から花へと蜜や花粉を求めて移動する．このとき「ブンブン」という豪快な翅音を立てるので，かなり離れた場所にいても翅音が響きわたる．マルハナバチをみつけたらまず追跡してみよう．様々な訪花植物で吸蜜したり，花粉採集をしたりするとても勤勉なハチであることがわかる．また，一見緩慢そうにみえるマルハナバチの動作も離れた場所に移動するとき，あるいは帰巣するときは思いのほか俊敏で，追跡してもすぐに見失ってしまうことが多い．巣を発見するためには常にマルハナバチの行動に関心を払い，今何をしているのか，これから何をしようとしているのかを見極めることが大切である．マルハナバチの習性を覚えたら，巣は半分みつかったようなもので，あとは情熱と僅かな運が味方すれば発見に到達できるであろう．

図12-1．ハクサンシャクナゲを訪花するヒメマルハナバチ♀

（営巣場所）

　マルハナバチは通常土中のネズミの古巣や時には家主のネズミを強力な毒針で威嚇して乗っ取った巣に営巣する(図12-2参照)．また，家屋の中の地表や屋根裏などにあるネズミの巣などに営巣することも珍しくない．時には小鳥やリス，ヤマネなどの哺乳動物の廃巣に営巣することもある．また，営巣時期が遅いユーラシアマルハナバチ亜属の大多数の種では，地表の枯れ草の中や落ち葉の堆積した中，あるいはコケの中などに営巣する．

(巣の構造)

　マルハナバチの巣はネズミの巣にみられるように，枯れ草，糸くず，布切れ，紙片，ビニール片などが混ざった亜球状の保温材に覆われている．中は空繭，繭，幼虫室，卵室，蜜壺そして花粉壺が階層状に下から上へとつくられている．保温材は初期巣では巣室が小さいため厚みがあるが，巣の発達とともに巣室の容積が大きくなるので引き伸ばされて薄くなっていく．成熟期の頃の厚さは数ミリで，種によって保温材上部の内側に断熱効果の高いワックス製のエンベロップ(内被)がつくられることがある(図12-3参照)．

図12-2．オオマルハナバチの創設期の保温材．小孔が出入口．
保温材が新鮮なので家主のネズミを追い出して利用したと思われる．

図12-3．オオマルハナバチの成熟期の巣．右下にはがされたワックス製のエンベロップ(内被)がある．

(単独営巣期の発見法)

目視法

　春先，田畑の畦畔や山地の林縁などで地表周辺を徘徊するマルハナバチの女王をみかけることがある．女王は地表に降りては小さな空洞に潜り込んで数十秒から時には数分もしてから地上に出てくる．場所を少しずつ移動しながらこのような動作を何度も繰り返す．これは土中に放棄されたネズミの古巣を探索する行動である．このような場所では，すでに古巣をみつけた女王が営巣を始めている可能性が高いので，できるだけ広範囲を注視しながら地表周辺で定位飛行をする個体や地表に降りてくる個体を捜す．もし，定位飛行をしたり，地表に降りて姿がみえなくなった個体を目撃したら，営巣を始めた女王の可能性が高いので，再度外役を確認した後，入り口周辺に目印をしておく．営巣中の女王は夜明け直後の早朝から午前中に外役する頻度が高いので，この時間帯に探すとみつかることが多い．この時期はほかの昆虫類がほとんど飛翔していないので，マルハナバチを追跡しやすい．また，日中は訪花中の女王を追跡するとよい．コマルハナバチやハイイロマルハナバチなどの種は巣と訪花植物の間の距離が比較的近く，根気よく追跡すればみつかることがある．このほか欧米の研究者たちは古くから干草などを詰め込んだ巣箱を仕掛けておき，営巣したコロニーを入手して，産卵，育児習性などを解明してきた．欧米に比べてマルハナバチの棲息密度の低い日本ではあまり期待できないかもしれないが試してみる価値はありそうだ．

図12-4．北海道では出現直後のエゾオオマルハナバチやアカマルハナバチの女王はフキノトウに訪花することもある．

(成長期の巣の発見法)

1）透かし法

　働きバチの数が増えてくると，外役のために出帰巣する個体が多くなるので，営巣しそうな斜面や土手などの下から上を透かすように注視する．天候が曇りで，バックの空が白いとコントラストがついてハチがみやすい．また，

晴天の日は朝夕の逆光を利用して探すと翅が光ってみやすくなる．1ヶ所で5〜10分ほど探してみつからないときは，次の場所に移動する．透かし法は棲息密度の高い場所で行うと発見の確率が高い．また，田畑の畦畔，草地，植林地，道路の斜面などは，夏場に草刈りをすることが多いので，これらの場所で草刈

図12-5．透かし法は斜面の下から上を覗くように見上げてハチの飛翔方向を追う．

が行われた直後に探すとよい．巣がある場所では入り口周辺で迷っている帰巣バチが複数飛翔しているのですぐにわかる．

2）追跡法

ユーラシアマルハナバチ亜属，コマルハナバチ亜属などの比較的コロニーの小さなマルハナバチは巣と訪花植物との距離が近い場合が多く，吸蜜中の個体をみつけたら根気よく追跡すると巣の発見に至ることがある．この方法は視界が開けていて，蜜源植物が豊富に咲いている場所で行うと効果的である．

図12-6．蜜源植物の多い場所ではマーキングを行う．

　訪花中の個体を見つけたら，予めマーキングしておくか，個体の特徴を記憶して，帰巣するまで根気よく追跡をする．帰巣するときは腰を落として方向と高さを確認する．すぐに視界から消え去るので，方向をメモしておく．数分後に同じ個体が戻ってきたら追跡して再度帰巣方向を確認する．一定の飛行方向が特定できたら，帰巣ルートの先にある土手や斜面を透かし法で注意深く探していく．働きバチの数が少ないコロニーでは，外役が20〜30分間隔のこともあるので，気長に根気よく出帰巣する個体を待つことが巣の発見につながる．蜜源植物が少ない季節や場所では働きバチが一定の訪花ルートを持っていることが多いので，ひたすら根気よく帰巣するまで追跡を続ける．

追跡時間は種類や蜜源植物によって異なるが，10～30分ほどかかる場合が多い．ユーラシアマルハナバチ亜属のように訪花距離の短い種では，運がよければ最後の訪花植物から巣までの距離が10m以内でみつかる場合もある．

また，OM法(落合・松岡，1979)と呼ばれる追跡法では，ハチミツやショ糖液を用いたトラップを訪花植物に仕掛けておき，トラップと巣を何度も往復させて働きバチがまっすぐ帰巣するようになったら追跡する．このときトラップと巣の往復時間を計り，通常3分以内にもどってくる個体を追跡対象にすると巣までの距離が比較的近く，みつかる確率が高い．その他，欧米の研究者の間では働きバチの背に小形の発信機を取り付けて外役の行動調査を行っている例もある(Goulson, 2003)．

(巣の採取法)

マルハナバチの巣はユーラシアマルハナバチ亜属のハイイロマルハナバチなどのようにごく浅い地中や地表にみられるものから，ナガマルハナバチ亜属やオオマルハナバチ亜属のように坑道が長く，地中深く営巣するものまである．このため，巣の採取法は種間によって対応が異なるが，採集用具として次に掲げるものを準備しておきたい．

1) ハチと巣の採集用具

捕虫網大小2本(1本は柄の短いもの)，ピンセット大小数本(先尖り，曲がりなど複数)，ビニール袋(10～15号)数枚，ティッシュペーパー，洗濯バサミまたはクリップ数個，ハチ用煙幕数本，ライター，巣を収容するダンボール箱等，メッシュ入りの袋(玉葱袋など)，新聞紙，ガムテープ

2) 巣の採掘道具

クワ，ツルハシ，シャベル，ハンマー，バール，金棒，小型鋸，鎌（稲刈鎌），選定鋏，園芸用ミニシャベル，長さ1m前後のビニールコード数本，軍手，厚手の防水手袋

3) 採集記録用具

野帳，筆記用具(鉛筆、ボールペン、サインペン)，メジャー，温度計，カメラ

4) その他

タオル，ペットボトルに入れた水，真夏では水分補給の飲料水，ポイズンリムーバー(毒吸引器)

マルハナバチの巣をみつけたら，最初に種類を確認して，坑道の入り口に

目印をしておく．次に採集用具を巣の周辺に準備して発掘に取りかかる．女王の単独営巣期や成長期初期の巣では働きバチの総数も少なく，攻撃を受けることもないので，そのまま発掘にかかるが，働きバチの多い巣やトラマルハナバチやウスリーマルハナバチなどのように攻撃性がやや強い種では，ハチ取り用の煙幕を挿入して麻酔をさせてから発掘に取りかかるとよい．

　開始時間と気温，坑道の入り口の大きさなどを計測して記録したら，ビニールコードを入り口から挿入し，コードに沿って慎重に土砂を取り除きながら掘り進む．坑道は屈曲のあるごとに形状と長さや深さなどの寸法を記録する．この間に離帰巣する働きバチは単竿の捕虫網ですばやく捕獲して，ビニール袋にピンセットで摘み込み，袋の口をひねってから洗濯バサミで止めておく．巣の採集が完了するまで適宜これを繰り返す．坑道が蛇行したり分岐しているときはコードを入れなおしたり追加する．植物や樹木の根が障害になっている場合は鎌，鋸，選定鋏などで切断しながら掘り進む．また，石や古木などの障害物はツルハシ，ショベル，ハンマー，金棒などを使って取り除く．小石混じりの土砂はバールを使うと掘りやすい．

　途中坑道が分岐して巣の方向がわからなくなることがあるが，麻酔をしない場合は外役に向かうハチが坑道の奥から出てくるので巣の方向がわかる．麻酔したときは硝煙の痕跡とにおいが坑道についているのでその方向を掘り進めばよい．巣に近づくと坑道に鮮黄色をした働きバチの排泄物が落ちているトイレに遭遇することが多く，周辺に震動を与えて耳を澄ますと「グワーン」という羽音が響いてくるので巣の所在がわかる．それから先は慎重に土砂を取り除き，保温材が完全に露出するまで丁寧に発掘する．保温材が露出したら計測，スケッチや写真撮影などを行う．

　巣は保温材のまま園芸用ミニシャベルなどで底部の土砂といっしょに静かに持ち上げて，いったん通気性のあるメッシュ入りの袋に入れてから準備しておいた箱の中に入れる．その際，保温材のあった周辺に成虫や幼虫の死骸，繭片，寄生昆虫などがいないかよく確認する．

　通常，巣の採掘時間は坑道の長さが1m以内で，障害物がない場合，一人で採掘にあたっても1時間内外で終了する．しかし，途中で大きな障害物に遭遇したり，坑道が長い場合は数時間を要することもあるので，できるだけ二人以上で採掘にあたることが望ましい．また，採掘中に刺されたらポイズンリムーバーで毒を抜いて手当てをする．

図12-7.
地表の入り口から外役に向かうウスリーマルハナバチ♀

図12-8.
地表の入り口から外役に向かうクロマルハナバチ♀

図12-9.
地表の入り口から外役に向かうオオマルハナバチ♀

図12-10.
土中から出現したオオマルハナバチの保温材

13. マルハナバチの飼育法

　マルハナバチの生態を調べるには，野外の巣を採集して飼育観察すればよいが，前項でも記したように巣の発見は容易ではない．そこで，単独営巣期の女王を捕獲して，巣箱で飼育しコロニーを得ることができれば，生態調査に好都合である．マルハナバチの研究に先駆的な欧米では古くからこの方法を用いてコロニーを入手し，産卵習性や育児習性などの生態を解明してきた．

　本項では野外の女王を捕獲し，強制営巣によるコロニー入手法を中心に紹介したい．マルハナバチ飼育の基本はマルハナバチに愛情を持って接して育てることであり，このことが成功へのキーワードといえる．

(女王の採集)

　飼育候補のマルハナバチ女王はクロマルハナバチやオオマルハナバチなど比較的飼育しやすい種類を選ぶとよい．女王は野外で花粉をつけて訪花中の個体を選んで捕獲する．花粉をつけていたり，腹部に光沢があり全体が細長くみえる個体はすでに営巣を始めているか産卵して抱卵している女王の可能性が高いので，飼育候補として最適である．捕虫網で捕獲したら片方が金網の採集管あるいは有孔のフィルムケースを2個連結した容器の中に入れる．容器の中に訪花中の花(タンポポ，ツメクサなど)あるいはハチミツもしくはショ糖液を湿らした綿かティッシュペーパーを入れておく．持ち帰るのに時間がかかるときは，容器内の温度が上昇しないように注意する．

　女王と働きバチを同時に飼育候補とする場合は，小孔を開けたビニール袋の底にショ糖液を湿らせたティッシュペーパーを入れ，捕獲した女王と働きバチ数匹を入れる．飼育開始まで1〜2日この袋の中に入れたままにしておき，餓死しないようにショ糖液を補給する．2匹の女王で飼育させる場合も同様にする．

(飼育箱と飼育準備)

　飼育箱の大きさは縦20×横10×高さ5cmほどで，中央の下部に1cmほどの小孔を開けた仕切り板をつけて2室にして上部はガラス板で覆う．大きさや形式はあくまで目安で，材料は厚さ10mmほどのコンパネやダンボールの空き箱などを利用してもよい．飼育箱は

図13-1．飼育箱

交換用に飼育する数よりも少し多めに準備しておくとよい．

飼育箱ができたら片方の部屋の中心部に，保存しておいたマルハナバチの古繭を接着材で固定する．または保存しておいたマルハナバチの巣から取ったワックス片を小さな椀状にして床面に押し付けて固定する．それぞれに生花粉または乾燥花粉をショ糖液で溶いて耳たぶほどの柔らかさにした直径10mm，高さ5〜10mmほどの花粉塊を置く．古繭やワックス片がないときは花粉塊だけでもよい．ペットボトルのキャップなどを利用した容器に濃度50％のハチミツまたはショ糖液をなみなみと入れておく．飼育箱のもう一方の部屋はトイレとして使用するため，床にティッシュペーパーなどの吸湿性のよい紙を敷いておく．

図13-2．給餌用の花粉

図13-3．蜜で溶いた花粉

(飼育の実際)

1) コロニー誕生まで

飼育箱の準備ができたら，女王にダニが寄生していないか全身をよく調べ，もし寄生していたらピンセットで取り除いておく．女王を飼育箱に静かに入れてガラス板の蓋をし，しばらく環境に慣れるまでそっとしておく．最初は巣箱の上に這い上がって脱出を試みるが，次第に床面に置いてある容器の蜜を飲み始めたり空繭や花粉塊に興味を示すようになる．

マルハナバチ飼育における重要なポイントは飼育箱の温度を27℃前後に保温すること，新鮮な蜜と花粉の給餌，そして飼育箱の衛生管理である．飼育期の4〜6月は日中の気温は高いが，夜間から明け方の気温は低くなるので，サーモスタット付きの保温器で温度管理を徹底する．蜜と花粉は毎日新しいものに取り替えて給餌する．トイレ用の部屋に敷いた紙は日に何回も行われる女王の排泄物で濡れて汚れるのでほぼ毎日取り替える．取り替えないで放置す

ると高温多湿の環境の中でカビなどが繁殖するので注意する．給餌や清掃の際には飼育箱に震動を与えたり息を吹きかけたりしないよう細心の注意を払って行う．

卵巣が成熟した個体では飼育箱に入れてから1～3日ほどで花粉塊を分割したり，蜜壺などをつくり始めたり，腹部を床面や古繭にこすり付けてワックスの分泌を行うなど前産卵行動がみられる．このような女王は続いて卵室をつくり産卵を始める可能性が高い．

図13-4. 第一巣室に尾端を挿入して産卵するノサップマルハナバチ女王

しかし，実際に飼育するとわかるように，飼育箱の中でほとんど動かず，営巣行動も示さないまま途中で死亡する女王も半数以上に及ぶ．推測の域を出ないが，これらの女王は卵巣が未成熟の個体もしくはダニや寄生虫など（Plath,

図13-5. 産卵した4個の卵の巣室をワックスを引き伸ばしながらすばやく覆い隠すノサップマルハナバチ女王

1934; Alford, 1975など）に侵された個体ではないかと考えられる．また，前産卵行動がみられるまで10日以上かかる個体も珍しくなく，前産卵行動がみられても産卵に至らない個体もある．

一方，女王と働きバチのペアーでは営巣意欲が高まり，飼育が成功するケースが女王単独のときよりも高い．野外で捕獲後，ビニール袋の中で数日間同居させてあるため，実の母娘関係になくても働きバチは実母同様に従順になり，後から飼育箱に働きバチを入れたときのように殺されることもなくなる．女王と働きバチのペアーを飼育箱に入れるとすでに共同営巣成長期初期のように，内役の分業がみられることもあり，女王の産卵も早まる傾向にある．女王2個体の場合もこれに順ずるが，後から同居させると闘争して一方の個体が殺されるので注意する．

女王は花粉塊またはワックス製の卵室に産卵すると腹部から放熱して卵室

を暖め続ける．4〜6日経過すると卵はふ化して1齢幼虫になり，この間に女王は第2，第3巣室以下を次々につくって産卵を続ける．順調に幼虫が成長すれば幼虫室は日ごとに盛り上がって大きくなり，終齢幼虫になると糸を吐いて卵形の繭を紡ぎ蛹化する．ここまで到達すればコロニーの誕生はほぼ確実となるが，気を抜かずにこれまで通りの温度管理と給餌や飼育箱の清掃などを怠らないようにする．

2）コロニー誕生後

産卵から20〜31日すると働きバチが誕生し，卵室の保温や育児を始めるようになるので給餌量を多めにする．働きバチの数が10個体を超えたら，巣箱を屋外に設置するか，ビニールチューブなどで屋外に接続して働きバチの外役を促す．こうすると，蜜や花粉の採集を野外で行うようになるので給餌量を調節してやる．働きバチが外役するようになっても，蜜や花粉が不足しているときは適宜給餌する．

古繭，繭，卵室，幼虫室などが何層にも重なりガラス板に到達しそうになったら同じサイズの枠を積み重ねるか，大きな飼育箱に移してやる．

コロニーを入手したら繭や古繭を利用して，飼育の難しい種のマルハナバチの女王にチャレンジしてみるのもよい．また，羽化後の空繭やワックスは密閉した袋に入れて冷凍庫で保存しておけば来シーズンの飼育に再利用することができる．

図13-6．抱卵するアカマルハナバチの女王とワックスを分泌させる働きバチ

図13-7．働きバチが羽化したクロマルハナバチ

14. コロニーサイズ

　コロニーの大きさは気象条件や訪花植物の資源量などの環境要因や巣の発達段階によって変動する．一方で，今日まで記録された巣の数は一部の種を除けばあまりにも少ないので，種間や亜種間の差異を正しく描き出すことは簡単ではない．しかし，過去のデータや観察から一定の傾向は知ることができる．マルハナバチのコロニーは1匹の女王と働きバチ，卵，幼虫，蛹から構成されるが，成熟期に入ると雄と新女王が産出される．コロニーサイズを比較する方法には①総成虫数，②総繭数（＝羽化した古繭と蛹の入った未羽化繭の合計），③総繭数＋卵・幼虫数などが考えられるが，②の総繭数を指標として用いることが多い．マルハナバチの場合，ミツバチやアシナガバチと違って再利用できる個体別の巣室（育房）をつくらないので，空繭数を羽化した成虫数とみなすことができるからである．表14-1はこれまでに報告された最大総繭数と著者らの観察に基づいて，その種間比較を試みたものである．地域差を考慮して，マルハナバチの種数が比較的多い関東・中部と北海道に二分して示している．コロニーサイズと相関が高いと思われる営巣期の長さ（推定）も併記した．営巣期の開始と終了の時点を自然状態で直接確かめることは不可能に近く，また同一種であっても年ごと・巣ごとの変動が激しい．したがってここで記したのは，野外で女王の飛翔が目立ち始める時期から雄バチを普通に目にするときまでのおよその期間である．

　マルハナバチは寒さに強い蜂ではあるが，花に依存して生活しているので，その活動期は花のある時期に限られる．そのため，寒地では営巣期間は全体的に短くなり，それと関連して，同一種であっても平均コロニーサイズが小さくなる(トラマルハナバチ，オオマルハナバチ，コマルハナバチなど)．しかし，一方で，営巣期の長さとコロニーサイズにはともに種ごとに違いがあることは明らかである．

　日本では営巣期の長さが4ヶ月前後しかない種（表中，「短」と「短～中」）が多数を占めている．その典型がコマルハナバチ属で，中でもコマルハナバチは早春に出現し，百花繚乱の季節にコロニーを急速に発達させて一気に生殖虫の産出に到達する．初夏に巣を解散するまで3ヶ月かからない巣もあり，新女王は翌春までの8～9ヶ月もの長期間にわたり休眠を続けることになる．しかし本種の巣は必ずしも小さくなく，山地や亜高山帯のコロニーはあまり発達しないが，平地や暖地では総繭数500を超える巣も珍しくない．北海道だけに生息するアカマルハナバチも同じ頃に出現し，通常8月上旬には活動

表14-1 日本産マルハナバチのコロニーサイズと営巣期の長短

種・亜種名	サイズ	総繭数(最大記録)	文献	営巣期間
(関東・中部)				
トラマルハナバチ	大	1,766	片山,2011	長
クロマルハナバチ	中〜大	1,300	Sakagami & Katayama,1977	中〜長
オオマルハナバチ	中〜大	1,013	片山・髙見澤,2004	中〜長
ウスリーマルハナバチ	中〜大	995	Katayama et al.,1990	中〜長
コマルハナバチ	小〜中	717	片山,1964	短
ハイイロマルハナバチ	小〜中	508	Katayama et al.,1993	短
(=ホンシュウハイイロマルハナバチ)				
ミヤマミルハナバチ	小	305	Ochiai & Katayama,1982	短〜中
ナガマルハナバチ	小	240	片山ほか,2008	短〜中
ヒメマルハナバチ	小	211	髙見澤・片山，未発表	短
ニッポンヤドリマルハナバチ	小	未記録		短
(北海道)				
エゾトラマルハナバチ	中〜大	835	Sakagami & Katayama,1977	中〜長
セイヨウオオマル	中〜大	未記録	(タスマニアで1,240の記録あり:Hingston et al., 2006)	中〜長
エゾオオマルハナバチ	中	433	Sakagami & Katayama,1977	中〜長
ハイイロマルハナバチ	小	334	Sakagami & Katayama,1977	短
エゾコマルハナバチ	小	208	Sakagami & Katayama,1977	短
シュレンクマルハナバチ	小	203	Sakagami & Katayama,1977	短
エゾナガマルハナバチ	小	未記録		短
アイヌヒメマルハナバチ	小	未記録		短
ニセハイイロマルハナバチ	小	未記録		短〜中
ミヤママルハナバチ	小	未記録		短〜中
アカマルハナバチ	中	未記録	松浦,1995から推定	短
ノサップマルハナバチ	小	未記録		短

(サイズ区分) 大：最大級の巣の総繭数はしばしば1,000を超える．中〜大：500を超えることが多いが，1,000を超えることは稀．中：しばしば500を超える．小〜中：通常400以下で500を超えることは稀．小：100〜400程度．
(営巣期の長さ) 長：5ヶ月以上．中：4〜5ヶ月未満．短：4ヶ月未満．

を終えるが、これも巣は比較的大きくなるようである。高地を中心に生息しているヒメマルハナバチだけは出現が遅く、巣も小さい。ほかの亜属で出現の遅い種としては、本州ではヒメマルハナバチを寄主とするニッポンヤドリマルハナバチのほか、中部山地の高原や草原に生息するホンシュウハイイロマルハナバチがあり、この種は総繭数500を超える巣が記録されている。北海道では根室半島周辺に生息するノサップマルハナバチの出現が最も遅く3～4ヶ月で一気にコロニーを発達させて生殖虫の生産を終える。コロニーサイズの情報は限られている。なお、ユーラシアマルハナバチ亜属は一般に出現が遅く営巣期間も短いが、なかではシュレンクマルハナバチがほかより短めで、ミヤママルハナバチはやや長い。コロニーはいずれも小さい。北海道のエゾナガマルハナバチと本州のナガマルハナバチはともに出現が遅く巣も小さめだが、ナガマルハナバチは低山では比較的長く営巣する。

　一方、目立って営巣期間が長い種の代表例はトラマルハナバチで、特に本州以南では11月まで活動している巣もみられる。長期にわたってコロニーを発達させるため、総繭数が1,000を超えることも珍しくなく、片山（2011）によれば総繭数1,766の巨大巣も記録されオスと新女王の産出数も突出して多い。オオマルハナバチとクロマルハナバチも活動期間が長めで、コロニーサイズも大型化することがある。外来生物として生態系に悪影響を及ぼしつつあるセイヨウオオマルハナバチは、活動期間とコロニーサイズは現時点ではエゾオオマルハナバチと同程度と思われる。しかし、海外の記録からみると、より晩秋に及ぶ営巣（「生活史」、p156参照）や巨大巣発見の可能性（表14-1：p181参照）も考えられ、今後の究明が待たれる。また、ウスリーマルハナバチは比較的低山に営巣した場合は長期営巣し、コロニーサイズも巨大化することがある。

主な参考文献 （アルファベット順）

Alford DV (1975) Bumblebees. Davis-Poynter, London.

Benton T (2006) Bumblebees. HarperCollins, London.

Cameron S, Hines HM, Williams PH (2007) A comprehensive phylogeny of the bumblebees (*Bombus*). Biol. J. Lin. Soc., 91: 161-188.

堂囲いくみ・日江井香弥子・鈴木和雄 (2008) マルハナバチが形づくる花のかたち―マルハナバチ送粉系における花形態の多様化. 共進化の生態学―生物間相互作用が織りなす多様性 (横山潤・堂囲いくみ編著): 21-50. 文一総合出版, 東京.

Engel MS (2000) A new interpretation of the oldest fossil bee (Hymenoptera: Apidae) Am. Mus. Novit., 3296: 1-11.

Free JB, Butler CG (1959) Bumblebees. Macmillan, New York.

Goulson D (2003) Bumblebees―Behaviour and Ecology. Oxford University Press, New York.

Heinrich B (1979) Bumblebees Economics. Harvard University Press, Cambridge, UK. (邦訳:マルハナバチの経済学. 井上民二監訳, 1991 文一統合出版, 東京)

Hines HM (2008) Historical biogeography, divergence times, and diversification patterns of bumble bees (Hymenoptera: Apidae: *Bombus*). Syst. Biol., 57: 58-75.

Hingston AB, Herrmann W, Jordan GJ (2006) Reproductive success of a colony of the introduced bumblebee *Bombus terrestris* (L.) (Hymenoptera: Apiae) in a Tasmanian National Park. Aus. J. Entom., 45: 137-141.

平嶋義宏・森本桂・多田内修 (1989) 昆虫分類学. 川島書店, 東京.

伊藤誠夫 (1991) 日本産マルハナバチの分類・生態・分布. (ベルンド・ハインリッチ著. 井上民二監訳) マルハナバチの経済学: 258-291. 文一総合出版, 東京.

Ito M, Kuranishi R (2000) Bumble bees (Hymenoptera: Apidae) occurring in the Kamtchatka Peninsula and the north Kuril Islands. Nat. Hist. Res., Special Issue 7:281-289.

Ito M, Sakagami SF (1980) The bumblebee fauna of the Kurile Islands. J. Low Temp. Sci. Ser. B (Biol.), 38: 23-51.

片山栄助 (1964) コマルハナバチ*Bombus ardens* Smithの後期コロニーの観察. Kontyu, 32: 398-402.

片山栄助 (1987) マルハナバチ女王の産卵数. インセクタリゥム, 24(12): 15-16.

片山栄助 (1993) マルハナバチ類の産卵と育児習性. 昆虫社会の進化－ハチの比較社会学 (井上民二・山根爽一編著):35-74. 博品社, 東京.

片山栄助 (2000) セイヨウオオマルハナバチの各地の目撃・採集状況と北海道十勝地方での発生状況. インセクト, 51(1):15-16.

片山栄助 (2005) クロマルハナバチの初期巣. 中国昆虫, 19(1):1-5.

片山栄助 (2007) マルハナバチ―愛嬌者の知られざる生態. 北海道大学出版会, 札幌.

片山栄助 (2008) マルハナバチ類のコロニーサイズ. 昆虫と自然, 43(10): 4-8.

片山栄助 (2011) トラマルハナバチ巨大巣の記録, 特に巣の構造, コロニー構成とコロニーサイズ(ハチ目,ミツバチ科). 昆蟲ニューシリーズ, 14: 2-10.

片山栄助・落合弘典 (1980) マルハナバチ類(*Bombus spp.*)の巣の見つけ方ととり方. 生物教材, 15: 45-63.

片山栄助・落合弘典 (1981) マルハナバチのコロニーの飼育管理法. 生物教材, 16: 47-61.

片山栄助・落合弘典 (1982) マルハナバチ類(*Bombus spp.*)の巣の分解調査法. 生物教材, 7: 9-21.

Katayama E, Ochiai H, Takamizawa K (1990) Supplementary notes on nests of some Japanese bumblebees. II. *Bombus ussurensis*. Jpn. J. Ent., 58: 335-346.

Katayama E, Takamizawa K, Ochiai H (1993) Supplementary notes on nests of some Japanese bumblebees. III. *Bombus (Thoracobombus) deuteronymus maruhanabachi*. Jpn. J. Ent., 61: 749-761.

Katayama E, Takamizawa K, Ochiai H (1996) Nests of the Japanese bumblebee, *Bombus (Diversobombus) diversus diversus* : Supplementary observations. New Entomol., 45: 23-33.

Katayama E, Takamizawa K (2003) Sweat feeding of *Bombus deuteronymus maruhanabachi* Sakagami et Ishikawa. New. Entomol., 52: 65-67.

片山栄助・中村和夫・松村雄 (2003) 栃木県におけるマルハナバチの分布. インセクト,54(1): 17-38.

片山栄助・高見澤今朝雄 (2004) オオマルハナバチ*Bombus (Bombus) hypocrita hypocrita* Pérezの巣の追加記録, 特に巣の構造とコロニーサイズについて. Jpn. J. Ent. (N.S.), 7(3): 105-118.

片山栄助・高見澤今朝雄・落合弘典 (2008) ヒメマルハナバチとナガマルハナバチの巣の構造,コロニー構成およびコロニーサイズ. New. Entomol., 57(1,2): 5-14.

Kawakita A, Ascher JS, Sota T, Kato M, Roubik DW (2008) Phylogenetic analysis of the corbiculate bee tribes based on 12 nuclear protein-coding genes (Hymenoptera: Apoidea: Apidae) Apidologie, 39: 163-175

Kearns CA, Thomson JD (2001) The Natural History of Bumblebees. University Press of Colorado, Colorado.

木野田君公 (2006) 札幌の昆虫. 北海道大学出版会, 札幌.

木野田君公 (2012) 北海道産マルハナバチ全種の計測比較－下唇長, 頭幅, 体長および触角長. つねきばち, 第20号: 37-52.

Lelej AS, Kupianskaya AN (2000) The bumble-bees (Hymenoptera, Apidae, Bombinae) of the Kuril Islands. Far East. Entomol., 95: 1-17.

松浦誠 (1988) 社会性ハチの不思議な社会. どうぶつ社, 東京.

松浦誠 (1995)「図説」社会性カリバチの生態と進化. 北海道大学図書刊行会, 札幌.

Meidell O (1968) *Bombus jonellus* (Kirby) (Hym., Apidae) has two generations in a season. Norsk ent. Tidsskr., 14: 31-32.

Michener CD (2000) The bees of the world. Johns Hopkins University Press, Baltimore.

中谷充・前田泰生 (1979) 岩手県におけるマルハナバチ相. 岩手蟲之會會報, 3: 7-14.

中谷正彦 (1999) ノサップマルハナバチ. (釧路昆虫同好会編) 根室半島の昆虫: 129-136.

Ochiai H, Katayama E (1982) Supplementary notes on nests of some Japanes bumblebees. I. *Bombus honshuensis*. Jpn. J. Ent., 50: 283-300.

落合弘典・松岡昭彦 (1979) マルハナバチ類の巣の発見法. インセクタリゥム, 16: 10-13.

小野正人・和田哲夫 (1996) マルハナバチの世界―その生物学的基礎と応用. (社)日本植物防疫協会, 東京.

Owen RE, Plowright RC (1988) Inheritance of metasomal pile colour variation in the bumble bee *Bombus rufocinctus* Cresson (Hymenoptera Apidae) Canad. J. Zool., 66: 1172-1178.

Plath OE (1934) Bumblebees and Their Ways. Macmillan, New York.

Prys-Jones OE, Corbet SA (1987) Bumblebees. Richmond Pub., UK.

斉藤学 (1995) 大雪山系東部, 上士幌町におけるマルハナバチ相. 上士幌町ひがし大雪博物館研究報告, 17: 25-36.

坂上昭一 (1970) ミツバチのたどった道. 進化の比較社会学. 思索社, 東京.

Sakagami SF (1976) Specific differences in the bionomic characters of bumble bees. J. Fac. Sci. Hokkaido Univ., 20: 390-447.

Sakagami SF, Ishikawa R (1969) Note préliminaire sur la répartition géographique des bourdons japonais, avec description et remarques sur quelques formes nouvelles ou peu connues. J. Fac. Sci. Hokkaido Univ., ser. 6, 17: 152-196.

Sakagami SF, Ishikawa R (1972) Note supplémentaire sur la taxonomie et répartition géographique de quelques bourdons japonais, avec la description d'une nouvelle sous-espèce. Bul. Nat. Sci. Mus. Tokyo, 15(4): 607-616.

Sakagami SF, Katayama E (1977) Nests of some Japanese Bumblebees (Hymenoptera, Apidae). J. Fac. Sci. Hokkaido Univ., Ser. 6, Zool., 21(1): 92-153.

Sladen FWL (1989) The Humble-bees, Its Life-history and How to Domesticate it. Logaston Press, Herefordshire. UK.

Snodgrass RE 1910. The Anatomy of the Honey Bee. Government Printing Office. Washington.

Stelzer RJ, Chittka L, Carlton M, Ingus TC (2010) Winter active bumble bees (*Bombus terrestris*) achieve high foraging rates in Urban Britain. PLoS ONE, 5(3): e9559.

高見澤今朝雄 (1982) ウスリーマルハナバチの初期巣. New. Entomol., 31(2): 21-23.

高見澤今朝雄 (2005) 日本の真社会性ハチ―全種全亜種生態図鑑. 信濃毎日新聞社, 長野.

高見澤今朝雄 (2006) オオマルハナバチ*Bombus (Bombus) hypocrita hypocrita* Pèrezの創設期の巣に関する知見. つねきばち, 10: 29-34.

高見澤今朝雄・片山栄助 (2009) コマルハナバチ *Bombus (Pyrobombus) ardens ardens* Smithの初期巣. New. Entomol., 58(3,4): 63-67.

田中洋之 (2001) 東アジア産マルハナバチ及びアジア産ミツバチの系統地理学的研究. 京都大学生態学研究センター, 京都.

田中肇 (1997) エコロジーガイド―花と昆虫がつくる自然. 保育社, 東京.

田中肇 (2000) 花の顔―実を結ぶための工夫. 山と渓谷社, 東京.

梅沢俊(2007), 新北海道の花. 北海道大学出版会, 札幌.

鷲谷いづみ・鈴木和雄・加藤真・小野正人 (1997) マルハナバチ・ハンドブック. 文一総合出版, 東京.

Williams PH. Brown M JF, Carolan, JC, Jiandong A, Goulson D A, A. Murat A, Best AR, Lincoln RB, Byvaltsev AM, Cederberg B, Bjorn, Dawson R, Huang J, Ito, M, Monfared A, Raina RH, Schmid-Hempel, P, Sheffield CS, Sima P, Xie, Z (2012) Unveiling cryptic species of the bumblebee subgenus Bombus s. str. worldwide with COI barcodes (Hymenoptera: Apidae). Syst. Biodiv. 10: 21-56.

Williams P, Cameron S, Hines HM, Cederberg B, Rasmont P (2008) A simplified subgeneric classification of the bumblebees (genus *Bombus*). Apidologie, 39: 1-29.

Williams P, Tang Y, Yao J, Cameron S (2009) The bumblebees of Sichuan (Hymenoptera: Apidae, Bombini). Syst. Biodiv. Cambridge University Press. 7: 101-189.

Williams P, Ito M, Matsumura T, Kudo I (2010) The bumblebees of the Nepal Himalaya (Hymenoptera: Apidae). Ins. Matsum. New. Ser., 66: 115-151.

山田雅輝（2000）青森県の有剣蜂相．8．ミツバチ科及び寄生性コハナバチ類の種類と分布．青森自然誌研究，(5)：55-56．

横山潤・井上真紀・伊藤誠夫・鷲谷いづみ（2006）根室市内で発見されたセイヨウオオマルハナバチ（*Bombus terrestris*（L.））とその在来マルハナバチ相に対する潜在的影響．Sylvicola, 24: 83-86.

横山潤・井上真紀・伊藤誠夫・鷲谷いづみ（2007）根室半島におけるノサップマルハナバチの訪花植物に関する予察的研究．根室市歴史と自然の資料館紀要第21号．

あとがき

　近年，ミツバチの減少（蜂群崩壊症候群）が話題となりましたが，マルハナバチも世界各地で減少しつつあると報告されていることをご存知でしょうか．日本でも，著者らの少年時代に比べると，この蜂の姿はめっきり少なくなっているように感じられます．マルハナバチは有力な花粉の運び手として被子植物の進化と繁栄に深くかかわってきた昆虫です．地球生態系の中でこの蜂の果たしている役割の大きさを考えれば，たいへん気がかりなことです．今後はセイヨウオオマルハナバチの問題も含めて，全国的な規模で継続的に調査・研究を進めていくことも必要なのではないでしょうか．生物調査ではまずは種の正確な同定が必要です．日本産マルハナバチの種の同定法は，これまでも論文や書籍・図鑑の中で提供されてきましたが，個体変異が大きい一方で種差は小さいため識別が難しく，地方の博物館の展示標本やホームページなどにも誤同定が散見されるのが実状です．そこで私たちは，種を確実に同定するための詳細な図鑑が必要であると考え，本書の製作に入りました．

　本書が過去の研究者の貴重な業績に多くを負うていることはいうまでもありません．その一方で私たちは可能な限り自前の情報を盛り込もうと努めました．本図鑑に掲載した本州産の標本と写真の多くは，高見澤が約4年の歳月をかけて，北は青森県の下北半島北端の大間崎から南は鹿児島県の薩摩半島南端の長崎鼻までを飛び回って収集したものです．1日に1,000kmを超えるロングドライブや中部山岳をはじめとした高山にトレッキングすることも度々ありました．いつもマルハナバチを愛で，そしてマルハナバチに癒され続けた4年間でした。北海道産標本は，約6年をかけて木野田が収集しました．この結果，エゾナガマルハナバチにおいては，北海道西南部と東部では若干の地域変異があることもわかってきました．分布図については，高見澤・木野田の採集実績，過去の文献と伊藤がこれまで取りためてきた膨大な標本や採集のデータを主体とし，過去のデータに関する誤同定の可能性などの見直しなども行い作成しました．ただし，分布に関してはまだ充分に調査されていない地域もあります．「マルハナバチとは」は伊藤が担当し，マルハナバチの分類的な位置づけ，マルハナバチ族の特徴，日本産マルハナバチの分類の現状など最新の情報を掲載しました．「マルハナバチの一生」以降の生態に関する項目は，高見澤が担当しました．ここではマルハナバチの生活，花との関係，飼育の方法，巣の発見法やコロニーサイズなどマルハナバチ全般

にわたる生態の情報を掲載しました．これらの情報がほかの部分共々，在来植物とマルハナバチの保護や研究の一助になることを願ってやみません．

製作から7年を費やし，本書の完成に至りました．製作に当たり，多くの方々のご協力を賜りました．ご協力頂いた方々のお名前を末尾に書かせて頂きました．また北海道大学出版会の成田和男さんには，当初からご指導を賜ると同時に編集にご尽力頂きました．ここに謹んで御礼を申しあげます．

著者一同

分担および協力者一覧（以下，項目順・あいうえお順）

各項目の執筆や写真の分担

監修：伊藤誠夫

項目1～8：木野田君公

項目8-3，9：伊藤誠夫

項目10～14：高見澤今朝雄

生態および環境写真：伊藤誠夫(ツシマコマルハナバチ♀)，木野田君公(北海道産)，高見澤今朝雄(本州以南産)，

標本写真：木野田君公

イラスト：木野田君公

標本提供：伊藤誠夫(北海道産および本州産の一部)，木野田君公(北海道産)，高見澤今朝雄(本州以南産)

ご協力頂いた方々

市田忠夫：青森県産マルハナバチに関する情報提供

伊藤桂：四国産コマルハナバチ♀，オオマルハナバチ♀の提供

片山栄助：一部の種の分布の確認，標本提供

田中洋一：エゾナガマルハナバチの標本貸与・産地情報，分子系統関連記述についてのアドバイス

丹羽真一：訪花植物に関するアドバイス，訪花植物種の追加，マルハナバチの標高分布の知見，巣外活動の時期に関する知見

北海道大学総合博物館：標本閲覧

松田喬：トラマルハナバチ♂，コマルハナバチ♀・♂，クロマルハナバチ♀の生態写真提供

和名索引

【ア行】

アイヌヒメマルハナバチ
B. beaticola moshkarareppus 9,11,13,
67,75,**76**,**77**,**78**,**79**,91,**112**,**113**,131,132,
133,135,137,139,142,143,145,**147**,**150**,
181

アカマルハナバチ
B. hypnorum koropokkrus 10,11,13,**80**,
81,**82**,**83**,131,132,133,135,137,139,142,
143,145,**147**,**150**,161,171,173,179,181,
182

ウスリーマルハナバチ B. ussurensis 11,
14,19,27,**32**,**33**,**34**,**35**,**114**,134,136,138,
144,**146**,**148**,160,165,168,174,175,180,
182,186

エゾオオマルハナバチ
B. hypocrita sapporoensis 8,11,13,19,
67,79,**88**,**89**,**90**,**91**,**110**,**111**,**112**,121,131,
132,133,135,137,140,142,143,145,**147**,
151,171,181,182

エゾコマルハナバチ B. ardens sakagamii
11,13,**64**,**65**,**66**,**67**,79,91,**110**,**111**,**112**,**113**,
131,132,133,135,137,139,142,143,145,
147,**150**,181

エゾトラマルハナバチ
B. diversus tersatus 11,12,26,27,**28**,**29**,
30,**31**,39,43,104,105,**106**,**107**,121,131,
132,133,134,136,138,142,143,145,**146**,
148,181

エゾナガマルハナバチ B. yezoensis 8,
11,12,**20**,**21**,**22**,**23**,131,132,133,134,136,
140,142,143,144,**146**,**148**,160,181,182

エトロフシュレンクマルハナバチ
B. schrencki konakovi 8,9,11

オオマルハナバチ B. hypocrita hypocrita
11,15,63,75,**84**,**85**,**86**,**87**,99,**115**,**117**,**147**,
151,161,165,170,172,175,176,180,182,
184,186

【カ行】

クナシリシュレンクマルハナバチ
B. schrencki kuwayamai 8,11

クロマルハナバチ B. ignitus 11,15,63,87,
96,**97**,**98**,**99**,**116**,**117**,135,137,140,145,
147,**151**,161,175,176,179,180,182,184

コマルハナバチ B. ardens ardens 4,11,
15,**60**,**61**,**62**,**63**,71,75,79,87,99,**115**,116,
135,137,**147**,**150**,157,171,180,183,186

【サ行】

サハリンオオマルハナバチ
B. albocinctus 8,10,11

シコタンヒメマルハナバチ
B. beaticola shikotanensis 8,9,11

シュレンクマルハナバチ
B. schrencki albidopleuralis 8,10,11,12,
31,39,**40**,**41**,**42**,**43**,44,**104**,**105**,**106**,**107**,
131,132,133,134,136,138,142,143,145,
146,**150**,149,160,181,182

セイヨウオオマルハナバチ B. terrestris
11,13,95,**100**,**101**,**102**,**103**,131,132,133,
135,137,140,142,143,145,**147**,**151**,156,

【タ行】

チシママルハナバチ
  B. oceanicus 8,9,11

ツシマコマルハナバチ
  B. ardens tsushimanus 11,15,**68**,**69**,**70**,**71**,**147**,**150**

トラマルハナバチ B. diversus diversus 4,11,14,23,**24**,**25**,**26**,**27**,35,**114**,**146**,**148**,160,165,168,174,180,182,184

【ナ行】

ナガマルハナバチ
  B. consobrinus wittenburgi 11,14,**16**,**17**,**18**,**19**,35,114,138,144,**146**,**148**,160,180,182,184

ニセハイイロマルハナバチ
  B. pseudobaicalensis 11,12,14,23,**44**,**45**,**46**,47,51,55,**108**,**109**,131,132,133,134,136,139,142,143,145,**146**,**149**,160,181

ニッポンヤドリマルハナバチ
  B. norvegicus japonicus 11,15,**56**,**57**,**58**,**59**,135,137,139,145,**147**,**161**,181,182

ノサップマルハナバチ B. florilegus 8,10,11,13,92,93,94,95,103,131,132,133,135,137,140,142,143,145,**147**,**151**,157,161,178,181,182,185,187

【ハ行】

ハイイロマルハナバチ
  B. deuteronymus deuteronymus 11,12,47,**50**,**51**,**52**,**53**,55,**108**,**109**,131,132,133,134,136,139,142,143,145,**146**,**149**,171,173,181

ヒメマルハナバチ B. beaticola beaticola 9,11,15,56,59,63,**72**,**73**,**74**,**75**,**146**,**150**,161,169,180,182,184

ホンシュウハイイロマルハナバチ
  B. deuteronymus maruhanabachi 11,14,**52**,**53**,**54**,**55**,**146**,**149**,180,182

【マ行】

ミヤママルハナバチ B. honshuensis 8,11,12,14,31,**36**,**37**,**38**,**39**,43,**104**,**105**,**106**,**107**,131,132,133,134,136,138,142,143,145,**146**,**149**,160,168,180,181,182

木野田　君公(きのた　きみひろ)
- 1960年　青森市に生まれる
- 1984年　北海道大学工学部卒業
- 現　在　坑井データサービス代表

高見澤　今朝雄(たかみざわ　けさお)
- 1952年　長野県佐久穂町に生まれる
- 1977年　法政大学文学部卒業
- 現　在　土地家屋調査士・行政書士

伊藤　誠夫(いとう　まさお)
- 1946年　札幌市に生まれる
- 1969年　北海道大学理学部卒業
- 現　在　総合技術学園理事，北海道大学総合博物館資料部研究員 / 理学博士

日本産マルハナバチ図鑑
The Bumblebees of Japan

発　行	2013年7月25日　第1刷
■	
著　者	木野田君公・高見澤今朝雄・伊藤誠夫
発行者	櫻井　義秀
発行所	北海道大学出版会
	札幌市北区北9西8北大構内　Tel. 011-747-2308・Fax. 011-736-8605
	http://www.hup.gr.jp
印　刷	株式会社アイワード
製　本	株式会社アイワード
装　幀	須田　照生

Ⓒ Kinota, Takamizawa and Ito, 2013　　　　　　　　　　Printed in Japan

ISBN978-4-8329-1396-7

マルハナバチ —愛嬌者の知られざる生態—	片山　栄助著	B5・204頁 価格5000円
バッタ・コオロギ・キリギリス大図鑑	日本直翅類学会編	A4・728頁 価格50000円
原色日本トンボ幼虫・成虫大図鑑	杉村光俊他著	A4・956頁 価格60000円
日本産トンボ目幼虫検索図説	石田　勝義著	B5・464頁 価格13000円
ウスバキチョウ	渡辺　康之著	A4・188頁 価格15000円
ギフチョウ	渡辺康之編著	A4・280頁 価格20000円
エゾシロチョウ	朝比奈英三著	A5・48頁 価格1400円
蝶の自然史 —行動と生態の進化学—	大崎直太編著	A5・286頁 価格3000円
アシナガバチ一億年のドラマ —カリバチの社会はいかに進化したか—	山根　爽一著	四六・316頁 価格2800円
スズメバチはなぜ刺すか	松浦　誠著	四六・312頁 価格2500円
スズメバチを食べる —昆虫食文化を訪ねて—	松浦　誠著	四六・356頁 価格2600円
虫たちの越冬戦略 —昆虫はどうやって寒さに耐えるか—	朝比奈英三著	四六・198頁 価格1800円
バッタ・コオロギ・キリギリス生態図鑑	日本直翅類学会監修 村井　貴史著 伊藤ふくお	四六・452頁 価格2600円
新装版 里山の昆虫たち —その生活と環境—	山下　善平著	B5・148頁 価格2800円
札幌の昆虫	木野田君公著	四六・416頁 価格2400円

北海道大学出版会

価格は税別